まえがき

電気や電子の技術を習得するには，その基礎である科目「電気回路」をじゅうぶんに理解することがたいせつです。この科目の目標は，いろいろな電気現象を物理的に理解し，量的な取り扱いを学ぶとともに，電気にかかわる諸量の相互関係を理解することです。

したがって，「電気回路」の学習方法としては，さまざまな電気現象について，まず定性的に理解し，次に定量的な取り扱いに進むことが望ましいと思います。定量的な取り扱いとは，電気現象に関する公式や数式を用いて各種の問題を実際に鉛筆を持って解くことです。繰り返して類題を解くことによって実力がつき，電気現象をさらに深く理解することができるようになります。

本書は，全国工業高等学校長協会の高等学校工業基礎学力テストにも配慮して編修しました。この問題集で多くの問題を解き，実力をつけて，さらに高いレベルの電気技術や電子技術の学習に進まれるよう期待いたします。

本書の構成について

1　教科書「精選電気回路」(工業 722)の構成にならって，本書を作成しましたが，ほかの教科書を使っている生徒諸君にも使えるように配慮しました。

2　はじめに，本章中の(　　　)内を埋める基本的な問題を設け，次に公式や数式を用いた計算問題を用意し，さらに章末問題としてその章全体の問題および全国工業高等学校長協会の高等学校工業基礎学力テスト用模擬問題を配しました。

本書の使い方について

1　教科書で学んだあと，復習するための教材として本書を使ってください。もし，疑問が生じたら，教科書などでその点を明らかにし，ふたたび問題にチャレンジしましょう。

2　参考となる例題がある問題には，例題マークをつけました。例題は，右の QR コード*を読み取るか，https://www.jikkyo.co.jp/d1/02/ko/sdenki にアクセスすることで，確認できます。　＊QR コードは㈱デンソーウェーブの登録商標です。

3　解答編では計算の過程を詳しく述べ，学習の便をはかりました。

4　第1章～第5章の章末問題1は復習問題とし，章末問題2は全国工業高等学校長協会の高等学校工業基礎学力テスト用模擬問題としました。

計算について

1　計算では，$\pi=3.14$，$\sqrt{2}=1.41$，$\sqrt{3}=1.73$，$\sin 60^\circ=0.866$，$\sin 45^\circ=\cos 45^\circ=0.707$ としました。

2　計算結果は原則として有効数字3桁としますが，2.00 や 3.50 となる場合は，それぞれ 2，3.5 のように表しました。

目次

ウォーミングアップ……4

第1章　電気回路の要素……5

1 電気回路の電流と電圧……5
- 1 電気回路とその表し方……5
- 2 電子と電流……5
- 3 電流と電圧……6

2 電気回路を構成する素子……7
- 1 抵抗の役割と導体の抵抗率……7
- 2 導電率と抵抗の温度係数……8
- 3 コンデンサとコイルの役割……8

章末問題1……9
章末問題2……10

第2章　直流回路……11

1 直流回路の計算……11
- 1 オームの法則……11
- 2 抵抗の直列接続……12
- 3 抵抗の並列接続……13
- 4 抵抗の直並列接続……14
- 5 直列抵抗器と分流器……16
- 6 ブリッジ回路……18
- 7 キルヒホッフの法則……18
- 8 キルヒホッフの法則を用いた電流の計算……19

2 消費電力と発生熱量……20
- 1 電力と電力量……20
- 2 ジュールの法則……23
- 3 ジュール熱の利用……24
- 4 熱電気現象……24

3 電流の化学作用と電池……25
- 1 電気分解……25
- 2 電池の種類……25
- 3 その他の電池……26

章末問題1……27
章末問題2……29

第3章　静電気……32

1 電荷とクーロンの法則……32
- 1 静電気……32
- 2 静電誘導と静電遮へい……32
- 3 静電気に関するクーロンの法則……34
- 4 電界……36
- 5 電気力線……37
- 6 電束と電束密度……37

2 コンデンサ……38
- 1 静電容量……38
- 2 コンデンサの種類と静電エネルギー……39
- 3 コンデンサの並列接続……40
- 4 コンデンサの直列接続……41
- 5 コンデンサの直並列接続……41

章末問題1……43
章末問題2……44

第4章　電流と磁気……46

1 磁石とクーロンの法則……46
- 1 磁気……46
- 2 磁気に関するクーロンの法則……47
- 3 磁界……48
- 4 磁力線……49
- 5 磁束と磁束密度……49

2 電流による磁界……50
- 1 アンペアの右ねじの法則……50
- 2 アンペアの周回路の法則と電磁石……50
- 3 磁気回路……51
- 4 鉄の磁化曲線とヒステリシス特性……53

3 磁界中の電流に働く力……54
- 1 電磁力とは……54
- 2 電磁力の大きさと向き……54
- 3 磁界中のコイルに働く力（トルク）……55
- 4 平行な直線状導体間に働く力……56

4 電磁誘導……57
- 1 電磁誘導とは……57
- 2 誘導起電力……57

3 誘電起電力の例 …… 58
4 自己誘導 …… 59
5 相互誘導 …… 59
6 電磁エネルギー …… 61
5 直流電動機と直流発電機 …… 62
1 直流電動機 …… 62
2 直流発電機 …… 62
章末問題 1 …… 63
章末問題 2 …… 65

第5章 交流回路 …… 66

1 正弦波交流 …… 66
1 正弦波交流の発生と瞬時値 …… 66
2 正弦波交流を表す要素 …… 66
3 正弦波交流を表す角周波数と位相 …… 67
4 正弦波交流の実効値と平均値 …… 68
2 複素数 …… 70
1 複素数とは …… 70
2 複素数とベクトル …… 71
3 複素数の四則演算とベクトル …… 72
3 記号法による交流回路の計算 …… 73
1 記号法による正弦波交流の表し方 …… 73
2 抵抗 R だけの回路の計算 …… 73
3 イングクタンス L だけの回路の計算 …… 74
4 静電容量 C だけの回路の計算 …… 76
5 インピーダンス …… 78
6 RL 直列回路の計算 …… 79
7 RC 直列回路の計算 …… 80
8 RLC 回路の計算 …… 81
9 並列回路とアドミタンス …… 83
4 共振回路 …… 85
1 直列共振回路 …… 85
2 並列共振回路 …… 85
5 交流回路の電力 …… 86
1 電力と力率 …… 86
2 皮相電力・有効電力・無効電力の関係 …… 87
6 三相交流 …… 88
1 三相交流の基礎 …… 88
2 Y-Y 回路 …… 89
3 Δ-Δ 回路 …… 90
4 Y-Δ と Δ-Y の等価変換 …… 90
5 三相電力 …… 91
章末問題 1 …… 94
章末問題 2 …… 98

第6章 電気計測 …… 104

1 測定量の取り扱い …… 104
1 測定とは …… 104
2 測定値の取り扱い …… 104
2 電気計器の原理と構造 …… 105
1 指示計器の分類と接続方法 …… 105
2 永久磁石可動コイル形計器と可動鉄片形計器 …… 105
3 整流形計器と電子電圧計 …… 105
4 ディジタル計器 …… 105
3 基礎量の測定 …… 106
1 抵抗の測定 …… 106
2 インダクタンス・静電容量と周波数の測定 …… 106
3 電力と電力量の測定 …… 106
4 オシロスコープの種類と特徴 …… 107
5 オシロスコープによる波形の観測 …… 107

第7章 非正弦波交流と過渡現象 …… 108

1 非正弦波交流 …… 108
1 非正弦波交流とは …… 108
2 非正弦波交流の成分 …… 108
3 非正弦波交流の実効値とひずみ率 …… 109
2 過渡現象 …… 110
1 RL 回路の過渡現象 …… 110
2 RC 回路の過渡現象 …… 110
3 微分回路と積分回路 …… 111

ウォーミングアップ

1 次の(　　)を埋めて表を完成させよ。

倍数	記　号	読み方	倍数	記　号	読み方
10^{12}	(1　　)	(2　　)	10^{-3}	(7　　)	(8　　)
10^{9}	(3　　)	(4　　)	10^{-6}	(9　　)	(10　　)
10^{6}	(5　　)	(6　　)	10^{-9}	(11　　)	(12　　)
10^{3}	k	キロ	10^{-12}	(13　　)	(14　　)

2 次の(　　)に適切な数値を入れよ。 

(1)　0.05 kV ＝(1　　　　)V

(2)　0.9 mA ＝(2　　　　)μA

(3)　5 000 000 μA ＝(3　　　　)mA ＝(4　　　　)A

(4)　0.000 6 MΩ ＝(5　　　　)kΩ ＝(6　　　　)Ω

3 次の(　　)に適切な数値を入れよ。

(1)　1 mm ＝(1　　　　)cm ＝(2　　　　)m

(2)　1 mm^2 ＝(3　　　　)cm^2 ＝(4　　　　)m^2

4 次の数値や計算の答を指数を用いて表せ。

(1)　$\dfrac{1}{10^3}$　　(2)　$10^2 \times 10^3$　　(3)　$10^5 \div 10^2$　　(4)　$(10^2)^3$

5 次の値を指示に従って，指数を用いて表せ。

(1)　2 m　(mm で表せ)　　(2)　5 cm^2　(m^2 で表せ)　　(3)　36 cm^2　(m^2 で表せ)

(4)　79 mm^2　(cm^2 で表せ)　　(5)　50 cm^3　(m^3 で表せ)　　(6)　18 m^3　(cm^3 で表せ)

第1章　電気回路の要素

1　電気回路の電流と電圧（教科書　p. 6～11）

1　電気回路とその表し方（p. 6～7）

1　次の文の(　　)に適切な用語，式または記号を下記の語群から選んで記入せよ。

(1)　電流が流れる経路を(1　　　　　)または(2　　　　　)という。

(2)　構成する要素を実物の絵で表した電気回路を(3　　　　　　　)という。また，構成する要素を電気用図記号で表した電気回路を(4　　　　　　　)または(5　　　　　　　)という。

(3)　電気用図記号は，(6　　　　　　　　　)(JIS) で決められている。

【語群】　回路図　　電気回路　　電気回路図　　日本産業規格
　　　　　回路　　実体配線図

2　次の回路要素の電気用図記号を書きなさい。

(1)　抵抗　　(2)　直流電源　　(3)　スイッチ　　(4)　ランプ

2　電子と電流（p. 8～9）

1　次の文の(　　)に適切な用語を下記の語群から選んで記入せよ。ただし，用語は何回使用してもよい。

(1)　プラスチックの棒を布でこすると，電気を帯びて，紙片などを引きつける。このように，物体が電気を帯びることを(1　　　　　)といい，物体が持つ電気を(2　　　　　)という。

(2)　すべての物質は(3　　　　　)でできており，それは，正の電気を持つ(4　　　　　)と，負の電気を持つ(5　　　　　)で構成されている。

(3)　自由電子が多い物質は電気をよく伝えることができるので，このような物質を(6　　　　　)とよぶ。逆に，自由電子をほとんどもたない物質は，(7　　　　　)とよばれる。

(4)　電流の向きは，正の電気の動く向きとされているので，自由(8　　　　　)の移動する向きの(9　　　　　)となる。

(5)　電池のように自由電子を動かす力を与えるものを(10　　　　　)といい，豆電球のように，電気エネルギーを光や熱などのエネルギーに変換する装置を(11　　　　　)という。

【語群】　逆　　原子核　　絶縁体　　帯電　　電源　　電子　　電荷　　導体
　　　　　負荷　　原子

2　ある導体の断面を2秒間に次に示すような電荷が通過した。それぞれの場合の電流を求めよ。

(1)　5 C　　(2)　0.8 C　　(3)　70 mC

3 電流と電圧 (p. 10〜11)

1 次の文の(　　)に適切な用語，式または記号を下記の語群から選んで記入せよ。

(1) 電池から流れる電流は，時間に対して大きさと向きが(1　　　　)である。このような電流を(2　　　　)という。一方，わたしたちの家庭に送られてくる電流は，時間とともに大きさと向きが(3　　　　)している。このような電流を(4　　　　)という。

(2) 二つのタンクをパイプでつなぎ，ポンプで水を移動させるモデルを考え，電気回路と対応させる。このとき，水位に相当するものを(5　　　　)といい，水位の差を(6　　　　)または，(7　　　　)という。これらの量記号を(8　　　　)で表す。また，ポンプは電池に相当するが，電池の電圧を発生させる働きを(9　　　　)といい，量記号を(10　　　　)で表す。これらすべての単位には(11　　　　)が用いられる。

【語群】 交流　直流　電位差　電位　起電力　電圧
一定　変化　E　V　V

2 次の図①〜④を，直流に関係するもの，交流に関係するものに分類せよ。

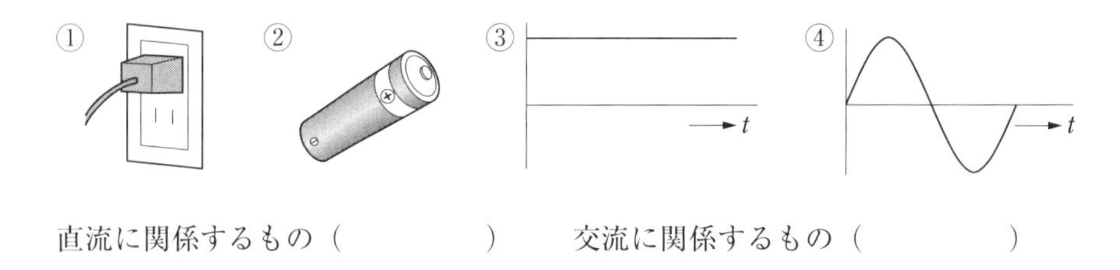

直流に関係するもの (　　　　　)　交流に関係するもの (　　　　　)

3 図1は1.5Vの乾電池を三つ縦につないだものである。Aを基準にして，Bの電圧V_B，Cの電圧V_Cを求めよ。

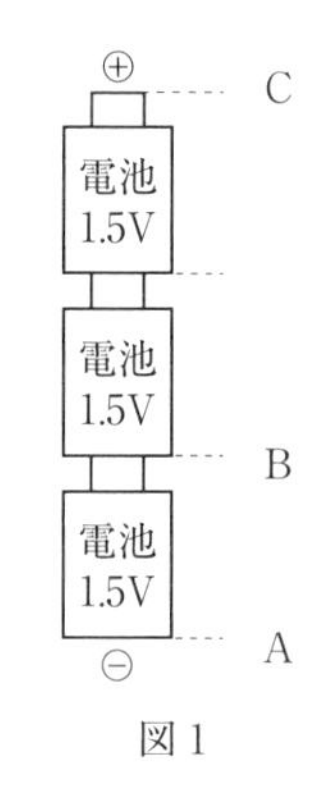

図1

2　電気回路を構成する素子　（教科書　p. 12〜17）

1　抵抗の役割と導体の抵抗率　（p. 12〜13）

1　次の文の(　　)に適切な用語，式または記号を下記の語群から選んで記入せよ。ただし，用語は何回使用してもよい。

(1)　電気の流れをさまたげる働きを(1　　　　)または(2　　　　)という。抵抗の値を表す単位は(3　　　　)が用いられる。

(2)　導体の抵抗は，長さに(4　　　　)し，断面積に(5　　　　)する。

(3)　長さ l [m]，断面積 A [m^2]の導体の抵抗 R [Ω]は，$R = \rho$(6　　　　)[Ω] である。

(4)　ρ は物質によって決まる(7　　　　)で，物質の抵抗率とよばれ，長さ(8　　　　)，断面積(9　　　　)の物質の(10　　　　)である。抵抗率の単位には(11　　　　)が用いられる。

【語群】　比例　　反比例　　抵抗　　電気抵抗　　定数
　　　　Ω　　1 m　　1 m^2　　$\dfrac{l}{A}$　　Ω·m

表1　金属の抵抗率（20 ℃）

金　属	抵抗率 ρ [Ω·m]
アルミニウム	2.71×10^{-8}
金	2.22×10^{-8}
銅	1.69×10^{-8}
銀	1.59×10^{-8}
タングステン	5.4×10^{-8}
鉄	10×10^{-8}
白　金	10.6×10^{-8}

2　断面積が 43×10^{-6} m^2，長さが次に示した値である銅線の抵抗 R [Ω] を求めよ。ただし，温度は 20 ℃とする。　例題

(1)　400 m　　　　(2)　2 km

3　長さが 200 m，断面積が 27.1 mm^2 であるアルミニウム線の抵抗 R [Ω] を求めよ。ただし，温度は 20 ℃とする。

4　長さが 400 m，直径が次に示した値であるアルミニウム線の抵抗 R [Ω] を求めよ。ただし，温度は 20 ℃とする。

(1)　3 mm

(2)　1.2 mm

2　導電率と抵抗の温度係数　(p. 14～15)

1　次の文の(　　)に適切な用語，記号を記入せよ。

(1)　抵抗率の逆数を(1　　　　)といい，単位は(2　　　　)が用いられる。

(2)　金属は温度が上昇すると抵抗が(3　　　　)なる。しかし，サーミスタなどでは，温度が上昇すると抵抗が(4　　　　)なる。温度が1℃上昇するごとに抵抗が変化する割合を，抵抗の(5　　　　)という。

(3)　t_1[℃]における導体の抵抗 R_{t_1}[Ω]，抵抗の温度係数を α_{t_1}[℃$^{-1}$]とすれば，t_2[℃]のときの抵抗 R_{t_2}[Ω]は，R_{t_2} =(6　　　　){1 +(7　　　　)($t_2 - t_1$)}[Ω]である。

2　長さが300 m，断面積が15 mm^{2}の金属線がある。この金属線の抵抗が0.5 Ωのとき，次の問いに答えよ。　例題

(1)　抵抗率 ρ[Ω·m]を求めよ。

(2)　導電率 σ[S/m]を求めよ。

3　20℃のときに10 Ωである銅線がある。70℃に上昇させたときの抵抗 R_{70}[Ω]を求めよ。　例題

表2　金属の抵抗の温度係数

金　属		温度係数 α[℃$^{-1}$]
亜　鉛	Zn	4.2×10^{-3}
アルミニウム	Al	4.20×10^{-3}
金	Au	4.05×10^{-3}
銀	Ag	4.15×10^{-3}
タングステン	W	4.9×10^{-3}
鉄	Fe	6.5×10^{-3}
銅	Cu	4.39×10^{-3}
白　金	Pt	3.86×10^{-3}

(0～100℃の平均値)

4　20℃のときに10 Ωであるアルミニウム線がある。80℃に上昇させたときの抵抗 R_{80}[Ω]を求めよ。

3　コンデンサとコイルの役割　(p. 16～17)

1　次の文の(　　)に適切な用語，記号を記入せよ。

(1)　コンデンサは，電気を(1　　　　)たり，(2　　　　)したりする働きがある。コンデンサの働きを示す値を(3　　　　　)といい，単位は(4　　　　)が用いられる。

(2)　コイルの働きを示す値を(5　　　　　)といい，単位は(6　　　　)が用いられる。

章 末 問 題 1

1 図１に示す実体配線図を回路図で表せ。

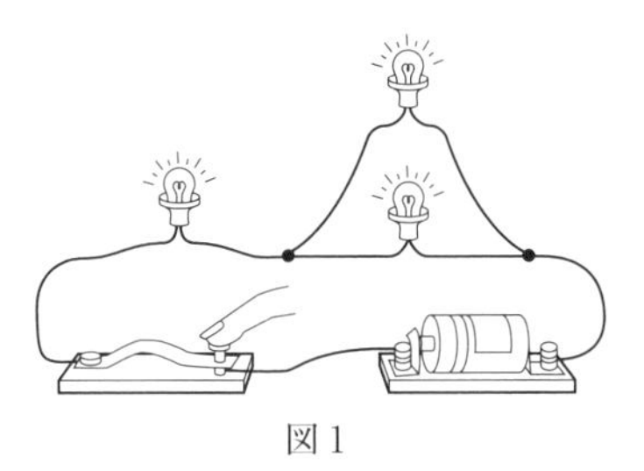
図１

2 導体の断面を，３秒間に 12×10^{-3} C の電荷が通過した。このときの電流を求めよ。

3 長さ 200 m，断面積 11 mm^2 のアルミニウム線の抵抗 R [Ω] を求めよ。ただし，アルミニウムの抵抗率を 2.71×10^{-8} Ω·m とする。

4 ある銅線の長さを３倍にし，直径を $\frac{1}{2}$ 倍にしたとき，抵抗値はもとの何倍になるか。

5 20 ℃のときに 4 Ω である銅線がある。温度が 70 ℃のときの抵抗 R_{70} [Ω] を求めよ。ただし，銅線の抵抗の温度係数は８ページの表２を参照すること。

6 次の①～⑥は，それぞれコンデンサ，コイルのどちらに関係するものか。

①　⌒⌒⌒⌒　　②　─┤├─　　③　静電容量　　④　インダクタンス

⑤　H（ヘンリー）　　⑥　F（ファラド）

コンデンサ…………（　　　　　　）　コイル…………（　　　　　　）

章 末 問 題 2

〈注意〉 解答は，各問題の下のわく囲みの中から選び，その記号を解答欄に記入せよ。なお解答は，正しいもの，またはそれに近いものを選ぶこと。

1 導線に5 A の電流を1分30秒間流したとき，導線のある断面を通過した電荷は何 [C] か。

2 導体に0.04 A の電流を10秒間流した。このとき，この導体のある断面を通過した電荷は電子何個分か。ただし，電子1個の電荷の大きさは 1.6×10^{-19} C とする。

3 直径 d [mm]，長さ l [m] の抵抗線がある。この直径を2倍にしたとき，もとの抵抗線と同じ抵抗値にするためには，長さを何倍にすればよいか。

4 ある導体の20 ℃の抵抗値が0.5 Ω である。そのときの抵抗温度係数を0.004 ℃$^{-1}$ として，70 ℃における抵抗値 R_{70} [Ω] を求めよ。

ア．0.25	イ．0.5	ウ．0.6	エ．1
オ．2	カ．3.5	キ．4	ク．7.5
ケ．10	コ．18	サ．26	シ．450
ス．2.5×10^{16}	セ．2.5×10^{17}	ソ．2.5×10^{18}	タ．3.0×10^{18}

1	
2	
3	
4	

第2章　直流回路

1　直流回路の計算　(教科書　p. 20～36)

1　オームの法則　(p. 20～21)

1　次の文の(　　)に適切な用語または式を入れよ。

(1)　R [Ω] の抵抗に V [V] の電圧を加えた回路に流れる電流 I [A] とすると，電流 I [A] は，電圧 V [V] に(1　　　　)し，抵抗 R [Ω] に(2　　　　)している。この関係を(3　　　　　　　)という。

(2)　R [Ω] の抵抗に V [V] の電圧を加えた回路に流れる電流 I [A] は，$I=$(4　　　　)[A] で表される。

(3)　抵抗 R [Ω] に電流 I [A] が流れるときに，電位が(5　　　　)[V] だけ低くなることを(6　　　　)という。

2　図 1 の回路において，電源電圧 V を次のようにするとき，回路に流れる電流 I を求めよ。 

(1)　100 V　　(2)　5 V　　(3)　700 mV

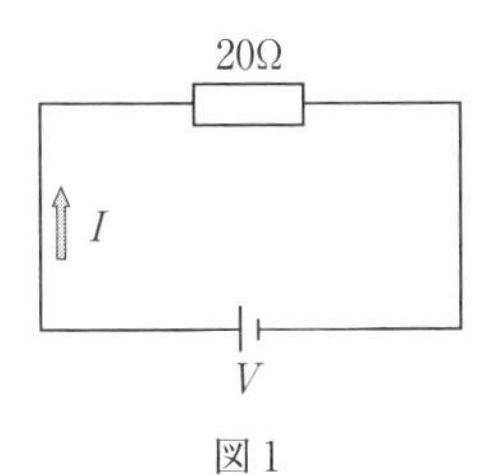

図 1

3　図 2 の回路において，次に示すような大きさの電流 I が流れたとき，それぞれの場合の抵抗 R を求めよ。 

(1)　2 A　　(2)　5 mA　　(3)　400 μA

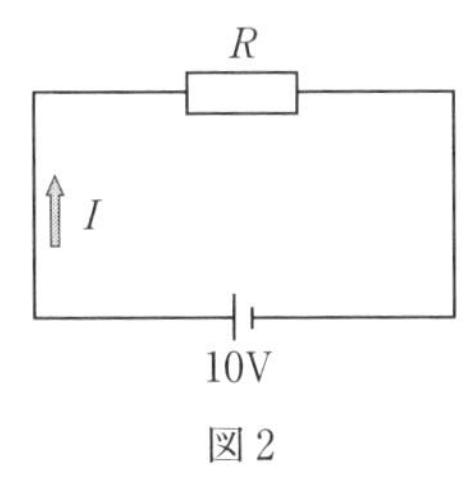

図 2

4　図 3 の回路において，次に示すような大きさの電流 I が流れたとき，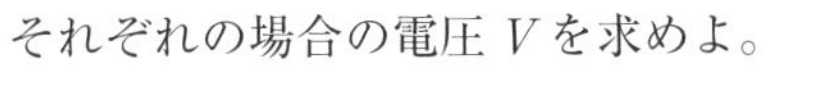それぞれの場合の電圧 V を求めよ。 例題

(1)　1 A　　(2)　20 mA　　(3)　500 μA

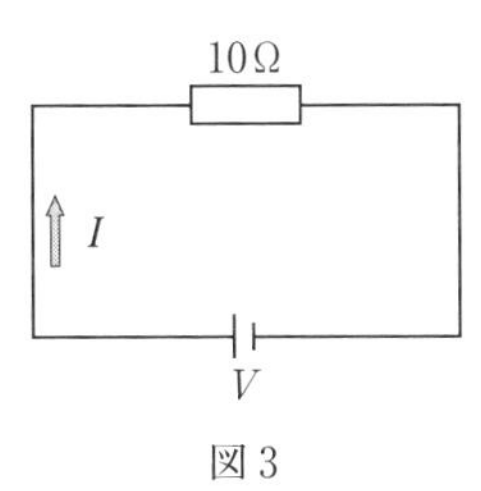

図 3

2 抵抗の直列接続 (p. 22〜23)

1 次の(1)〜(5)の式は，図4の回路における電流，電圧，抵抗の関係を示したものである。次の(　　)に適切な式または記号を入れよ。

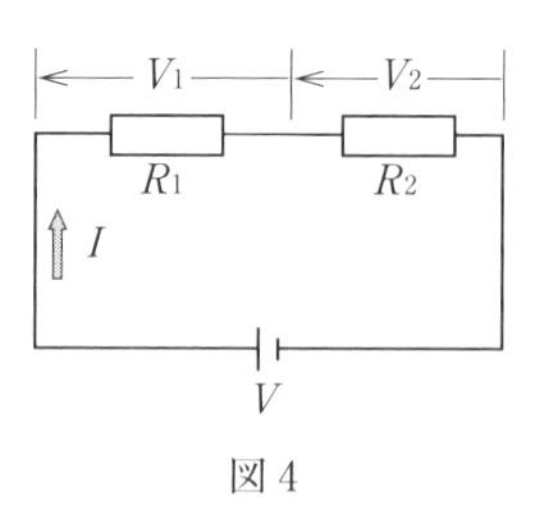

図4

(1) 図4の回路の合成抵抗 R_0 [Ω] は，$R_0 = ($1　　　　　$)$ となる。

(2) $V_1 + V_2 = ($2　　　$)$

(3) $I = \dfrac{(3\qquad)}{R_1 + R_2}$

(4) $V_1 = ($4　　　$) \cdot I$

(5) $V_2 = ($5　　　$) \cdot I$

2 図5の回路において，次の問いに答えよ。 

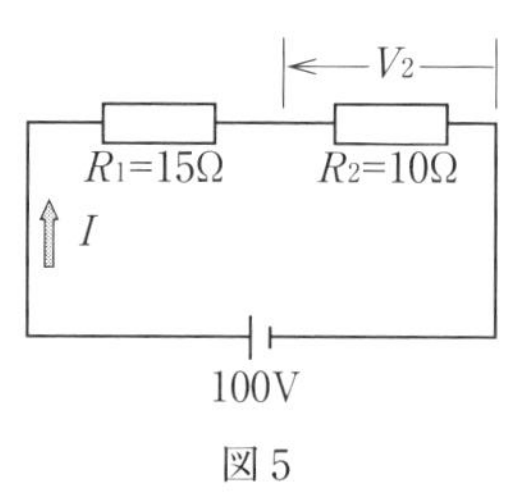

図5

(1) 合成抵抗 R_0 [Ω] を求めよ。

(2) 電流 I [A] を求めよ。

(3) 電圧 V_2 [V] を求めよ。

3 図6の回路において，次の問いに答えよ。

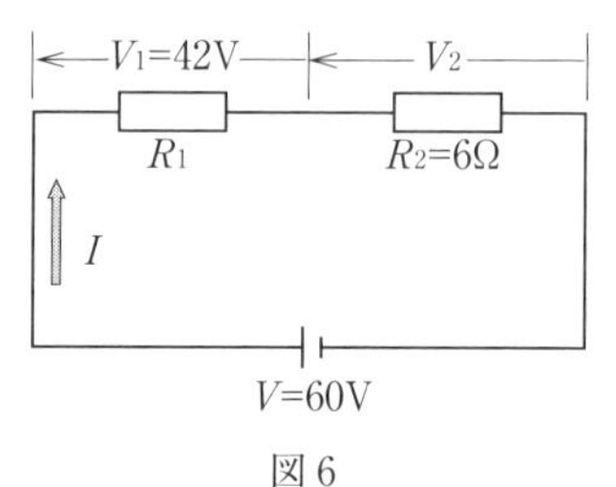

図6

(1) 電圧 V_2 [V] を求めよ。

(2) 電流 I [A] を求めよ。

(3) 抵抗 R_1 [Ω] を求めよ。

3 抵抗の並列接続 (p. 24～25)

1 次の文の（　　）に適切な用語または式を入れよ。

図7の回路において，合成抵抗 R_0 [Ω] は，

R_0 =（1　　　　　　　）[Ω] である。R_1，R_2 [Ω] の各抵抗には，電源電圧と（2　　　　）大きさの電圧が加わる。

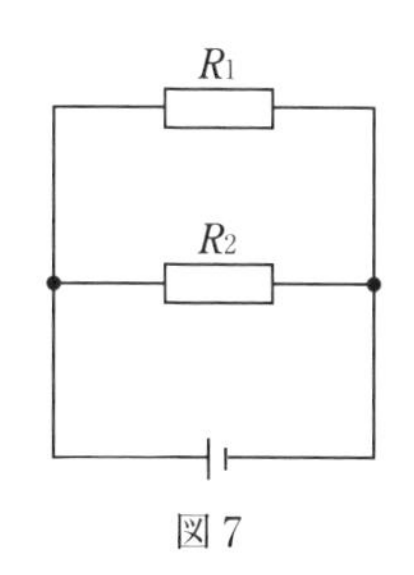

図7

2 次の(1)～(3)の式は，図8の回路における電流，電圧，抵抗の関係を示したものである。次の（　　）に適切な式または記号を入れよ。

(1) 合成抵抗 R_0 [Ω] は

$$R_0 = \frac{1}{\dfrac{1}{R_1} + \dfrac{1}{R_2}} = \frac{1}{\dfrac{(1\qquad)}{R_1 \cdot R_2}} = \frac{R_1 \cdot R_2{}^{*}}{(2\qquad)}$$

➔ ＊覚え方

(2)

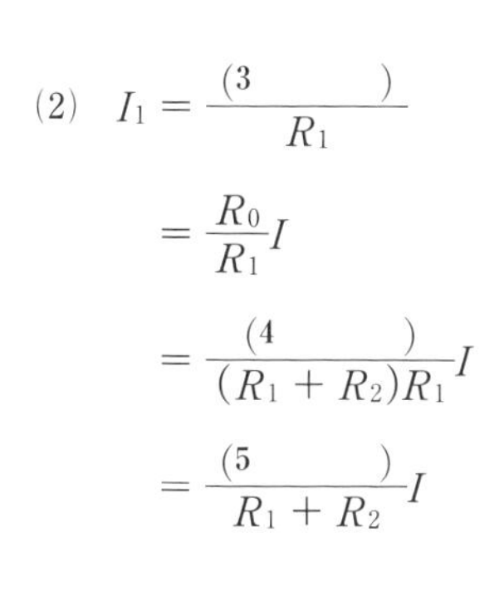

$$I_1 = \frac{(3\qquad)}{R_1} = \frac{R_0}{R_1} I = \frac{(4\qquad)}{(R_1 + R_2)R_1} I = \frac{(5\qquad)}{R_1 + R_2} I$$

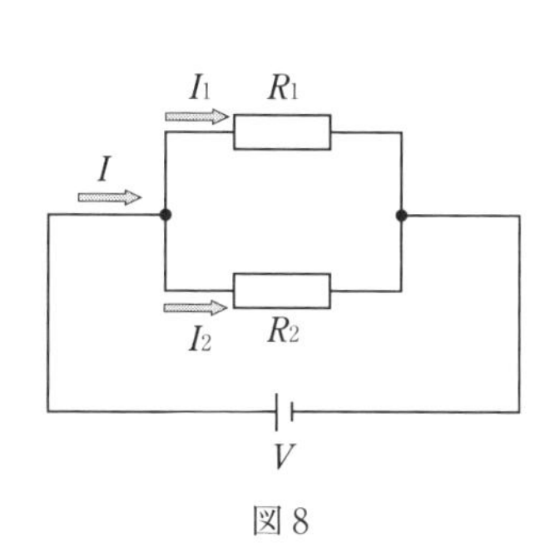

図8

(3) $I_2 = I - I_1 = \dfrac{(6\qquad)}{R_1 + R_2} I$

3 図9の回路の合成抵抗 R_0 [kΩ] を求めよ。 

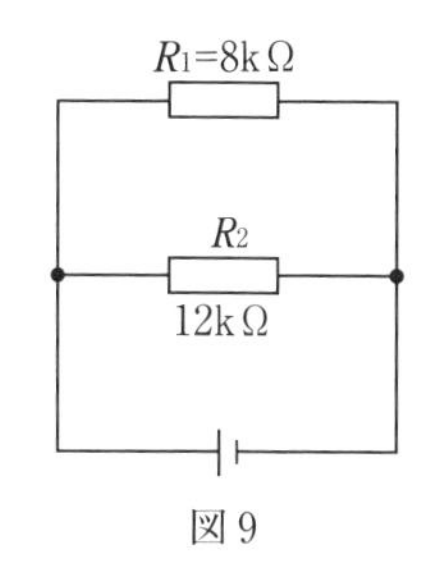

図9

4 図10の回路において，次の問いに答えよ。 例題

(1) 電流 I_1 [A] を求めよ。

(2) 電流 I_2 [A] を求めよ。

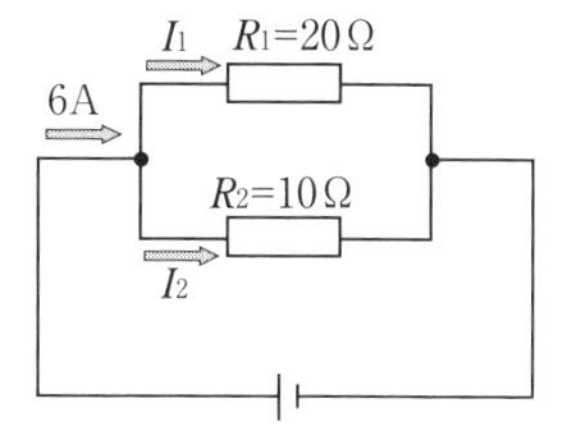

図10

4 抵抗の直並列接続 (p. 26～27)

1 図 11 の直並列回路において，次の問いに答えよ。

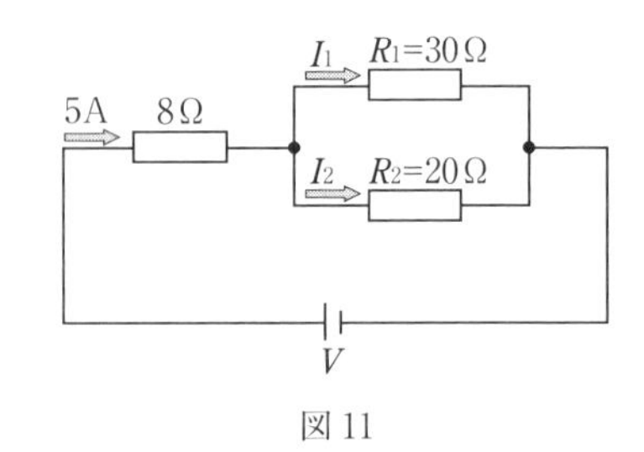

図 11

(1) 電流 I_1 [A] を求めよ。

(2) 電流 I_2 [A] を求めよ。

(3) 電源電圧 V [V] を求めよ。

2 図 12 の直並列回路において，次の問いに答えよ。

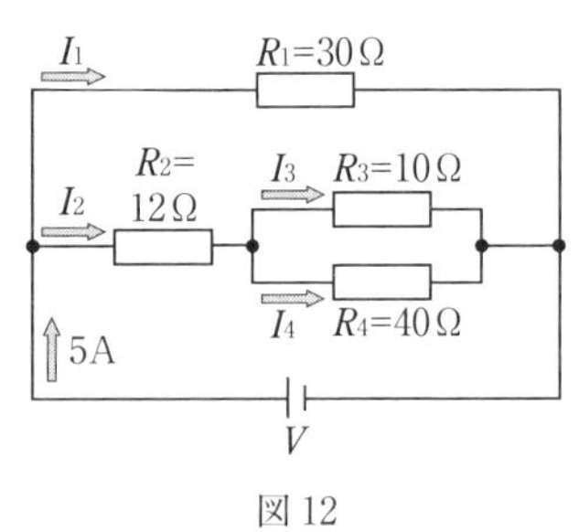

図 12

(1) 合成抵抗 R_0 [Ω] を求めよ。

(2) 電源電圧 V [V] を求めよ。

(3) 電流 I_1 [A] を求めよ。

(4) 電流 I_2 [A] を求めよ。

(5) 電流 I_3 [A] を求めよ。

(6) 電流 I_4 [A] を求めよ。

3 図 13 の直並列回路において，次の問いに答えよ。

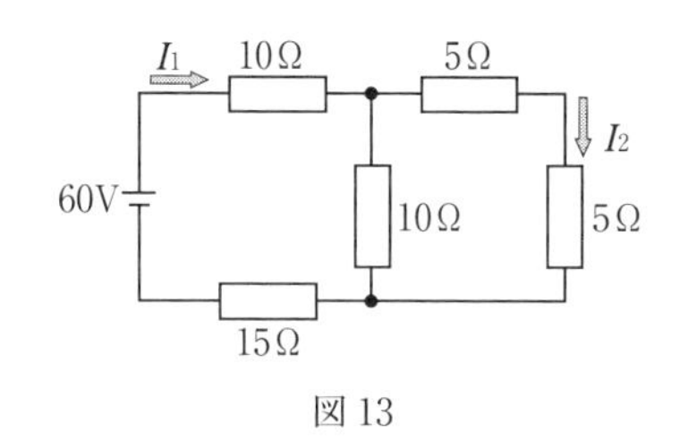

図 13

(1) 合成抵抗 R_0 [Ω] を求めよ。

(2) 電流 I_1 [A] を求めよ。

(3) 電流 I_2 [A] を求めよ。

4 図 14 の直並列回路において，次の問いに答えよ。

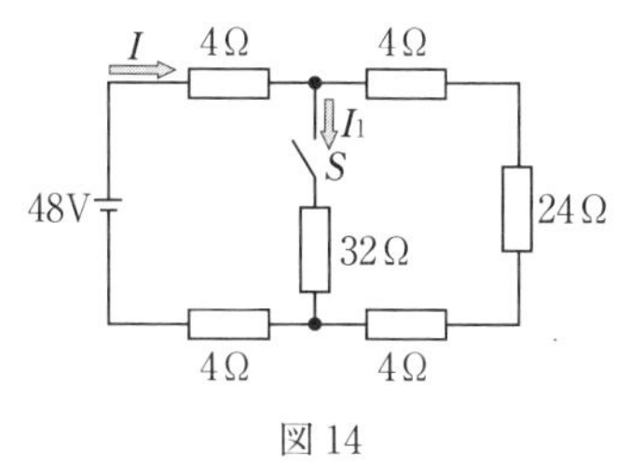

図 14

(1) スイッチ S が開いているとき，

(a) 合成抵抗 R_0 [Ω] を求めよ。

(b) 電流 I [A] を求めよ。

(2) スイッチ S を閉じたとき，

(a) 合成抵抗 R_0 [Ω] を求めよ。

(b) 電流 I [A] を求めよ。

(c) 電流 I_1 [A] を求めよ。

5 直列抵抗器と分流器 (p. 28～29)

1 次の文の(　　)に適切な用語，式または記号を入れよ。

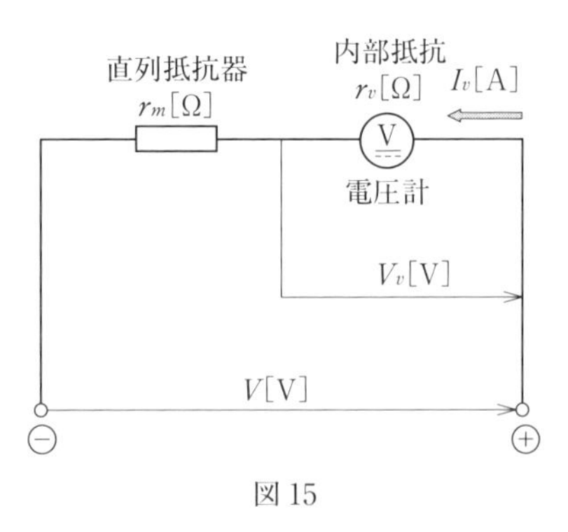

図 15

(1) 電圧計の最大目盛よりも大きな電圧を測るときは，図 15 のように，電圧計と(1　　　　)に抵抗を接続して測る。図 15 から次の式がなりたつ。

(2) $V_v = r_v I_v = r_v \dfrac{V}{(2\qquad)}$ [V]　　……(i)

(3) 式(i)を変形すると，

$V = \dfrac{(3\qquad)}{r_v} V_v = (4\qquad) V_v = m V_v$ [V]

……(ii)

(4) すなわち，式(ii)より，(5　　　　)を適切に選べば，電圧計に加わる電圧 V_v [V] の m 倍の電圧が測定できる。

2 図 16 のように，最大目盛 30 V，内部抵抗 60 kΩ の直流電圧計に，直列抵抗器 r_m [Ω] を接続した。測定範囲を次に示す値まで拡大したいとき，直列抵抗器の抵抗 r_m [Ω] を求めよ。 例題

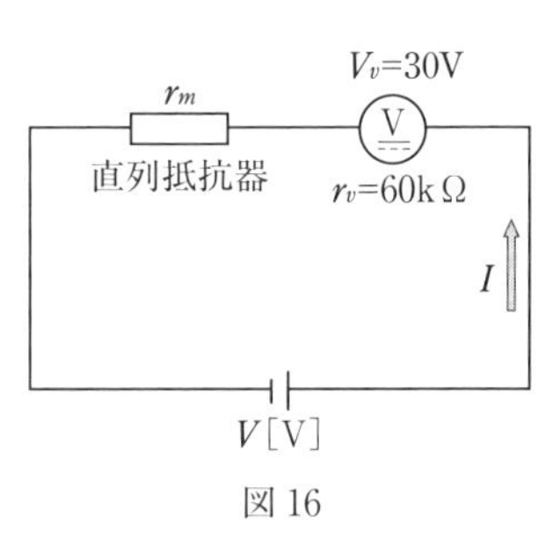

図 16

(1) 300 V

(2) 1000 V

3 図 17 のような，多重範囲電圧計がある。直列抵抗器の抵抗について次の問いに答えよ。

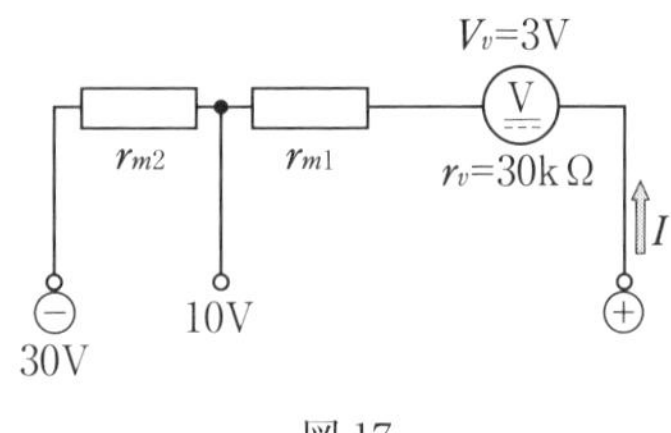

図 17

(1) 最大目盛を 10 V とするときの抵抗 r_{m1} [kΩ] を求めよ。

(2) 最大目盛を 30 V とするときの抵抗 r_{m2} [kΩ] を求めよ。

4 次の文の（　　）に適切な用語，式または記号を入れよ。

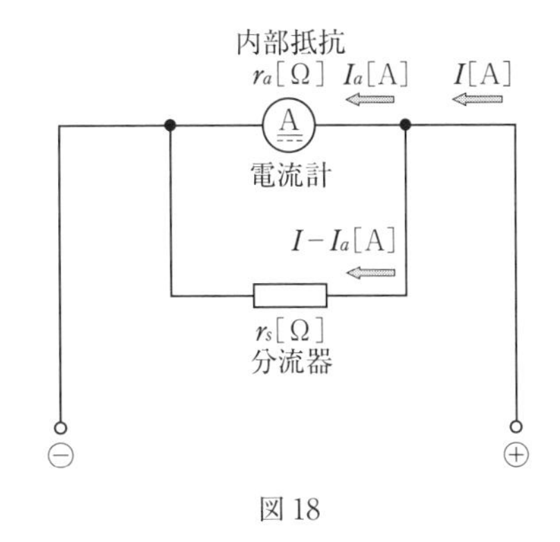

図 18

(1) 電流計の最大目盛よりも大きな電流を測るときは，図18のように，電流計と(1　　　)に抵抗を接続して測る。図18から，次の式がなりたつ。

(2) $r_a I_a =$ (2　　　) $\cdot (I - I_a)$　……(iii)

(3) 式(iii)を変形すると，

$$I - I_a = \frac{r_a I_a}{(3\qquad)} \quad \cdots\cdots(\text{iv})$$

(4) よって

$$I = \frac{r_s + r_a}{(4\qquad)} \cdot I_a = (5\qquad) \cdot I_a = m I_a \,[\mathrm{A}] \quad \cdots\cdots(\text{v})$$

(5) 式(v)から，(6　　　)を適切に選べば，電流計に流れる電流 I_a[A]の m 倍の電流を測定することができる。

5 図19のように，最大目盛 100 mA，内部抵抗 8 Ω の直流電流計に，分流器を接続して，次に示した測定範囲まで拡大したい。分流器の抵抗 r_s[Ω]を求めよ。 例題

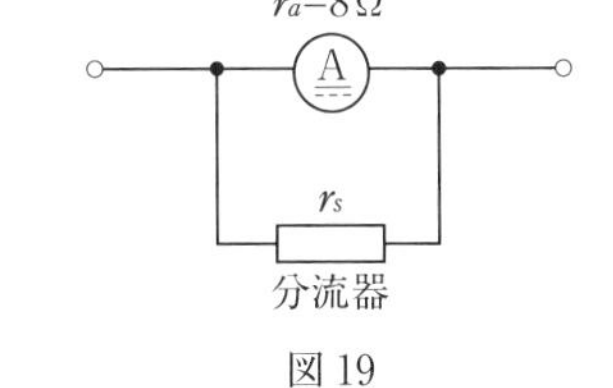

図 19

(1) 300 mA

(2) 600 mA

6 図20のように，最大目盛 30 mA，内部抵抗 10 Ω の直流電流計に，次に示す抵抗値をもつ分流器を接続したとき，測定できる最大電流 I[mA]を求めよ。

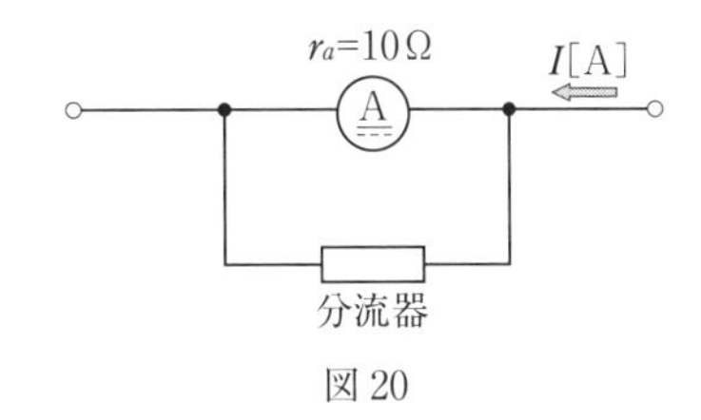

図 20

(1) 10 Ω

(2) 5 Ω

6 ブリッジ回路 (p. 30～31)

1 次の文の（　）に適切な語句または式を入れよ。

(1) 図21のブリッジ回路において，bの電位とdの電位が等しいとき，次の式がなりたつ。

$R_1 I_1 =$ (1　　　　) ……(vi)

$R_2 I_1 =$ (2　　　　) ……(vii)

(2) このような状態をブリッジ回路が平衡しているといい，スイッチSを閉じても検流計には，電流は(3　　　　　　)。

図21

(3) ここで，式(vi)の両辺を式(vii)の両辺で割ると，次のようになる。

$$\frac{R_1 I_1}{R_2 I_1} = \frac{(4\qquad)}{(5\qquad)}$$ ……(viii)

(4) したがって，ブリッジ回路が平衡しているときは，式(viii)から，$R_1 R_4 =$ (6　　　　　　) の関係がある。

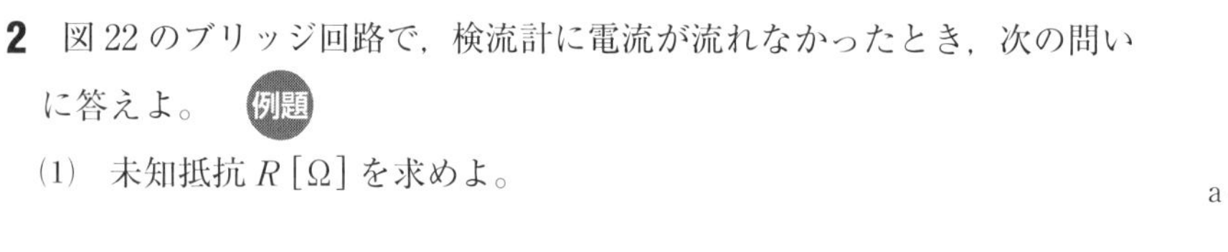

2 図22のブリッジ回路で，検流計に電流が流れなかったとき，次の問いに答えよ。 例題

(1) 未知抵抗 R [Ω] を求めよ。

(2) 電流 I_1 [A] を求めよ。

(3) 電流 I_2 [A] を求めよ。

(4) 点bの電位 V_b [V] を求めよ。

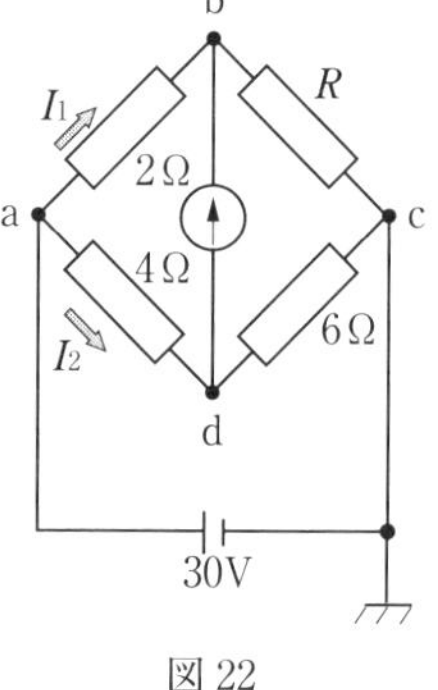

図22

7 キルヒホッフの法則 (p. 32～33)

1 次の文の（　）に適切な用語を下記の語群から選んで記入せよ。ただし，用語は何回使用してもよい。

(1) キルヒホッフの第1法則は(1　　　　)に関する法則で，回路網中の任意の接続点に(2　　　　)する電流の和は，流出する電流の(3　　　　)に等しい，というものである。

(2) キルヒホッフの第2法則は(4　　　　)に関する法則で，回路網中の任意の(5　　　　)回路を一定の向きにたどるとき，回路の(6　　　　)の和は，抵抗による電圧降下の(7　　　　)に等しい，というものである。

【語群】 起電力　　電圧　　電流　　閉　　流入　　和

8 キルヒホッフの法則を用いた電流の計算 (p. 34〜35)

1 図 23 の回路において，次の問いに答えよ。 

(1) 次の文の（　）に適切な記号または式を入れよ。

(a) 点 a において，キルヒホッフの第 1 法則を用いると，

$I_1 = I_2 +$（1　　　）となる。

(b) 閉回路 I において，第 2 法則を用いると，

（2　　　　　　　）＝ 8 となる。

(c) 閉回路 II において，第 2 法則を用いると，

（3　　　　　　　）＝ 4 となる。

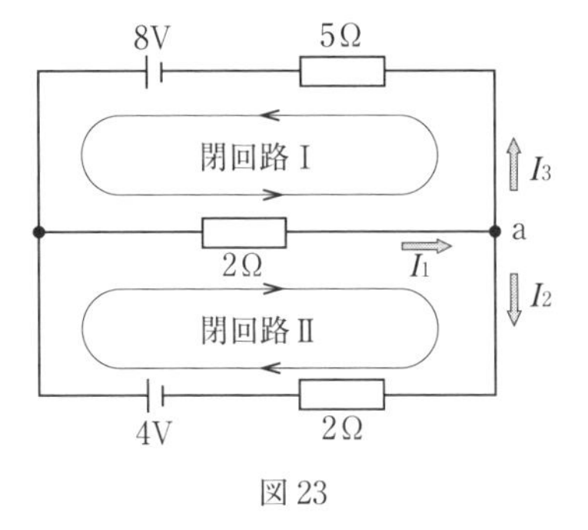

図 23

(2) 上の各式を用いて，電流 I_1，I_2，I_3 [A] を求めよ。

2 図 24 の回路の電流 I_1，I_2，I_3 [A] を求めよ。

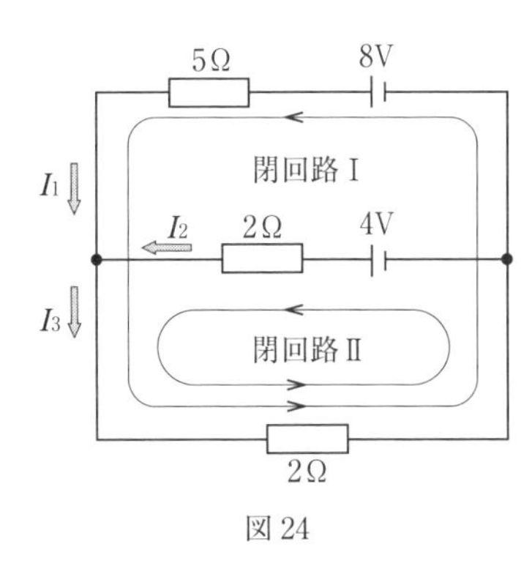

図 24

3 図 25 の回路の電流 I_1，I_2，I_3 [A] を求めよ。

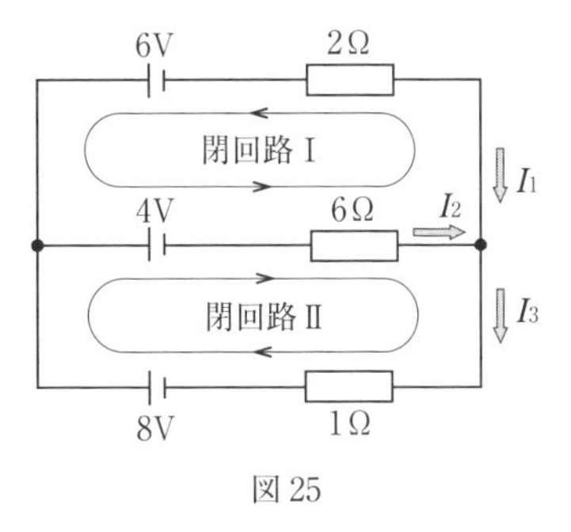

図 25

2　消費電力と発生熱量（教科書　p. 40～48）

1　電力と電力量（p. 40～41）

1　次の文の（　　）に適切な式または記号を入れよ。

(1)　ある抵抗に電圧 V [V] を加えると，I [A] の電流が流れた。このときの電力 P [W] は，$P=$ (1　　　　) [W] である。

(2)　$I=\dfrac{V}{R}$ を使うと，$P=$ (2　　　　) [W] となる。

(3)　$V=IR$ を使うと，$P=$ (3　　　　) [W] となる。

➡ 2 は V，R を用い，3 は I，R を用いて表せ。

(4)　電力を P [W]，時間を t [s] とすれば，t 秒間の電力量 W [J] は，$W=$ (4　　　　) [J] である。

(5)　電力量の単位は [J]，または [(5　　　　)] であるが，一般には，[(6　　　　)] あるいは [(7　　　　)] が用いられる。

2　図1の回路において，次の問いに答えよ。 

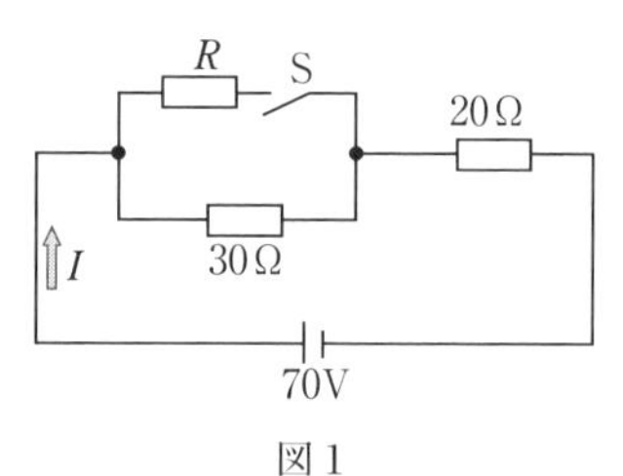

図1

(1)　スイッチSを開いたとき，

(a)　電流 I [A] を求めよ。

(b)　20 Ω の抵抗で消費される電力 P [W] を求めよ。

(2)　スイッチSを閉じたとき，回路の合成抵抗が 35 Ω になった。

(a)　抵抗 R [Ω] を求めよ。

(b)　抵抗 R で消費される電力 P [W] を求めよ。

3　100 V，800 W の電熱器を 95 V の電圧で使ったとき，消費される電力 P [W] を求めよ。

4 図 2 の回路において，次の問いに答えよ。

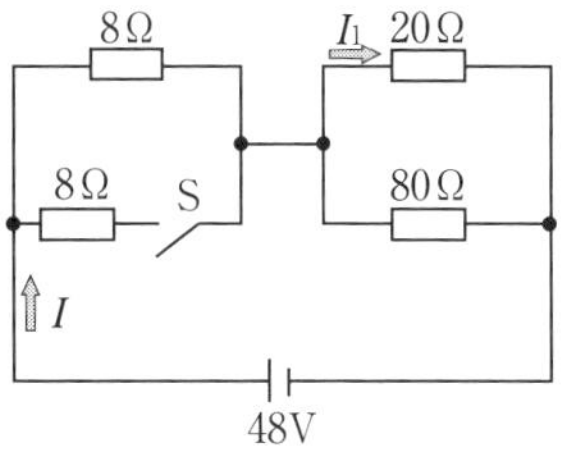

(1) スイッチ S を開いたとき，

(a) 合成抵抗 R_0 [Ω] を求めよ。

(b) 電流 I [A] を求めよ。

(c) 電流 I_1 [A] を求めよ。

(d) 20 Ω の抵抗で消費される電力 P [W] を求めよ。

図 2

(2) スイッチ S を閉じたとき，

(a) 合成抵抗 R_0 [Ω] を求めよ。

(b) 電流 I [A] を求めよ。

(c) 電流 I_1 [A] を求めよ。

(d) 20 Ω の抵抗で消費される電力 P [W] を求めよ。

5 図3の回路において，次の問いに答えよ。

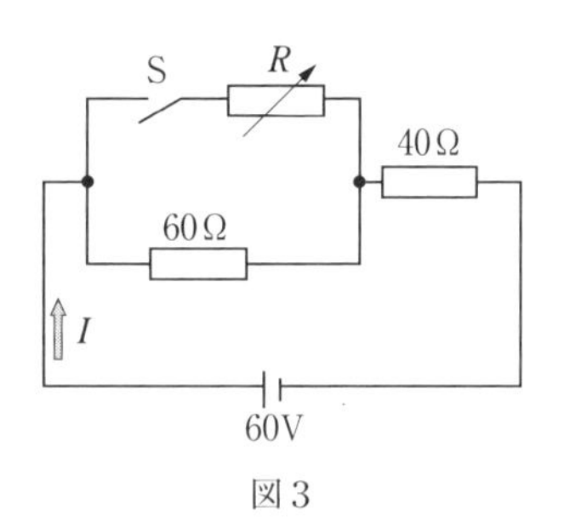

図3

(1) スイッチSを開いたとき，

(a) 電流 I [A] を求めよ。

(b) 40 Ω の抵抗で消費される電力 P [W] を求めよ。

(2) スイッチSを閉じたとき，抵抗 R を調整して電流 I を前問(a)の2倍にしたい。このとき，

(a) 抵抗 R [Ω] を求めよ。

(b) 抵抗 R で消費される電力 P [W] を求めよ。

6 1 kW·h の電力量で，400 W の電気ストーブを連続して使用できる時間 t [h] を求めよ。 

7 100 V，800 W のドライヤーを毎日 20 分間ずつ，30 日間使用したときの電力量 W を [kW·h] で表せ。

8 100 V，800 W のドライヤーを毎日 20 分間ずつ，30 日間使用したときの電力量 W を [J] で表せ。

2 ジュールの法則 (p. 42〜43)

1 次の文の（　　）に適切な式を入れよ。

(1) ある抵抗に電圧 V[V] を加え，I[A] の電流が t 秒間流れたときに発生する熱量 H[J] は，$H=$ (1　　　　) [J] である。

(2) $I=\dfrac{V}{R}$ を使うと，$H=$ (2　　　　) [J] となる。

(3) $V=IR$ を使うと，$H=$ (3　　　　) [J] となる。

➜ 2 は V, R, t を用い，3 は I, R, t を用いて表せ。

2 1 kW の電熱器で 3 L の水を 5 分間あたためたとき，上昇する温度 T[℃] を求めよ。ただし，電熱器が発熱する量の 80 %が，水に有効に供給されるものとする。なお，水の比熱を 4.19 J/(g·K) とする。

3 100 V，400 W の電熱器のニクロム線がある。次の問いに答えよ。

(1) このニクロム線の抵抗 R[Ω] を求めよ。

(2) 100 V の電圧を加えたとき，流れる電流 I[A] を求めよ。

(3) この電熱器でビーカ内の 20 ℃，270 g の水を 100 ℃にするのにかかる時間 t を [分] で表せ。ただし，電熱器が発熱する量の 75 %が，水に有効に供給されるものとする。なお，水の比熱を 4.19 J/(g·K) とする。

(4) 前問(3)で消費される電力量 W を [kW·s] で表せ。

3 ジュール熱の利用 (p. 44～45)

1 次の文の（　　）に適切な用語を入れなさい。

(1) ジュール熱によって発熱する材料を(1　　　　)という。金属の発熱体には，(2　　　　)線や鉄クロム線などがある。

(2) 鋼板などを加圧しながら，短時間に大電流を流し，ジュール熱によって局部を溶接することを(3　　　　)という。

(3) 回路に過電流が流れたとき，金属の可溶体がジュール熱によって溶断するものを(4　　　　)という。

(4) 電線に電流が流れると，電線中の抵抗によって(5　　　　)が発生する。そのため，電線において，安全に流すことができる最大電流が決められており，これを(6　　　　)という。

(5) 電線と電線の接続部や，コンセントの差し込み部などには，接触による電気抵抗がある。このような抵抗を(7　　　　)という。

4 熱電気現象 (p. 46～47)

1 次の文の（　　）に適切な用語を下記の語群から選んで記入せよ。ただし，用語は何回使用してもよい。

(1) 2種類の(1　　　　)を接続し，接合点に(2　　　　)を与えると，回路に起電力が発生し，電流が流れる。この起電力を(3　　　　)起電力という。このように異なった2種類の(4　　　　)を組み合わせたものを熱電対という。この現象は，(5　　　　)によって発見されたもので，(6　　　　)効果とよばれている。

(2) 熱電対の接合部を切り離して，中間に金属線を挿入しても，閉じた回路の(7　　　　)は変わらない。この性質を，(8　　　　)の法則という。

(3) 熱電対の応用例としては，(9　　　　)などの高温度測定に用いる(10　　　　)温度計がある。

(4) 銅とコンスタンタンの金属を接合して電流を流すと，接合部で(11　　　　)熱や吸熱が生じる。この現象は，(12　　　　)によって発見されたもので，(13　　　　)効果とよばれている。応用例としては，CPUの冷却ユニットなどに用いられる(14　　　　)がある。

【語群】 温度差　金属　ゼーベック　電気炉　ペルチエ素子　中間金属挿入
熱　熱電　発　ペルチエ　起電力

3 電流の化学作用と電池 （教科書　p. 49〜53）

1 電気分解 （p. 49）

1 次の文の（　　）に適切な用語を下記の語群から選び記入せよ。

(1) 食塩（NaCl）を水に溶かすと，(1　　　　)イオン(Na^+）と(2　　　　)イオン（Cl^-）に分かれる。

(2) このように，電気的に(3　　　　)性である物質が，(4　　　　)の電荷をもつ陽イオンと，(5　　　　)の電荷をもつ陰イオンに分かれることを(6　　　　)という。

(3) 食塩のように電離しやすい物質を(7　　　　)といい，その水溶液を(8　　　　)という。

(4) (9　　　　)の移動によって，電解液に電流が流れて電解質を化学的に分解することを(10　　　　)という。

(5) 電気分解の応用例としては，(11　　　　)，(12　　　　)，(13　　　　)などがある。

【語群】 電離　アルカリ　イオン　塩化物　酸　正　電気研磨　電解精錬
中　電解液　電解質　電気分解　電気めっき　ナトリウム　負

2 電池の種類 （p. 50〜51）

1 次の文の（　　）に適切な用語，数値または記号を次のページの語群から選んで記入せよ。ただし，用語は何回使用してもよい。

(1) 電池には，一度放電すると再生できない(1　　　　)電池と，放電しても(2　　　　)により再生できる(3　　　　)電池がある。

(2) ボルタの電池の起電力は，約(4　　　　)V である。

(3) マンガン乾電池の構造は，炭素棒を(5　　　　)極，亜鉛筒を(6　　　　)極とし，塩化アンモニウムの電解液を黒鉛粉などと混ぜてのり状にした(7　　　　)を封入してある。マンガン乾電池の起電力は，約(8　　　　)V である。

(4) 自動車用の鉛蓄電池は，電解液として比重が(9　　　　)〜(10　　　　)の希硫酸と，正極に(11　　　　　　)，負極に(12　　　　)を使い，さらに，両極板の接触を防ぐために(13　　　　)を置いている。鉛蓄電池の起電力は，(14　　　　)V 程度なので，必要な電圧になるまで(15　　　　)に接続して，1 つの容器に入れられている。蓄電池の容量は，放電できる(16　　　　)の大きさと(17　　　　)との(18　　　　)で表され，単位には，(19　　　　)を用いる。たとえば，5 A の電流を 5 時間放電できるとすれば，この蓄電池の容量は，(20　　　　)となる。

(5) リチウムイオン二次電池は，(21　　　　)を含む酸化物の(22　　　　)極と，カーボンの(23　　　　)極の間を，電解液中の(24　　　　)が移動することによって充放電している。ほかの二次電池と比べて小型軽量，(25　　　　)であり，(26　　　　)も発生しないので，電子機器や(27　　　　)に利用されている。

【語群】 一次　化学　正極合剤　時間　充電　正　積　メモリ効果
セパレータ　直列　電気　電流　pn　鉛　二酸化鉛　電気自動車
二次　負　高電圧　リチウム　リチウムイオン　1.1　1.2　1.3
1.5　2　A·h　25 A·h

2 36 A·h の二次電池から 2 A の電流が流れ出しているとき，この電池は何時間使用できるか。

3 リチウムイオン二次電池の起電力は何Vか。

3 その他の電池 (p. 52〜53)

1 次の文の(　　)に適切な用語，数値を下記の語群から選んで記入せよ。

(1) 太陽電池は，(1　　　　)を用いて(2　　　　)のエネルギーを直接電気のエネルギーに変換する装置である。半導体には，純度の高い(3　　　　)の結晶が多く用いられている。

(2) 太陽電池の起電力は，(4　　　　)V 程度である。

(3) 燃料電池とは，(5　　　　)と(6　　　　)の化学反応によって直接電気エネルギーを取り出す装置である。

(4) 燃料電池に用いる水素は，(7　　　　)や(8　　　　)などから取り出し，酸素は(9　　　　)にあるものを利用する。

(5) 燃料電池の起電力は，(10　　　　)V以下である。

【語群】 空気中　酸素　天然ガス　シリコン　水素
半導体　光　石油　1　0.5〜0.8

章末問題 1

1　図 1 の回路の合成抵抗が 20 Ω であった。
抵抗 R_2 [Ω] を求めよ。

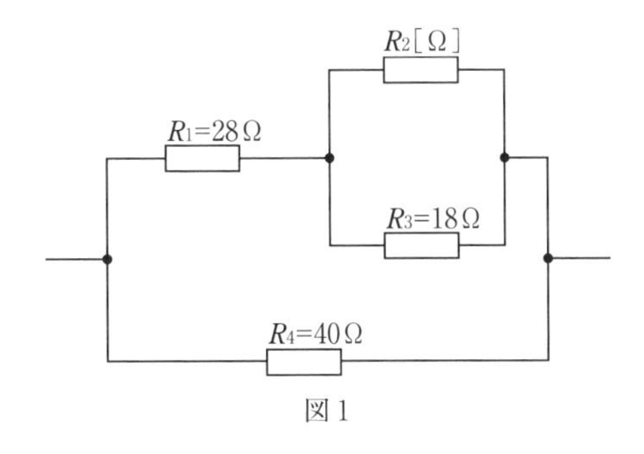

図 1

2　図 2 の回路において，合成抵抗 R [Ω]，全電流 I [A]，
各抵抗 R_2，R_3 に流れる電流 I_2，I_3 を求めよ。

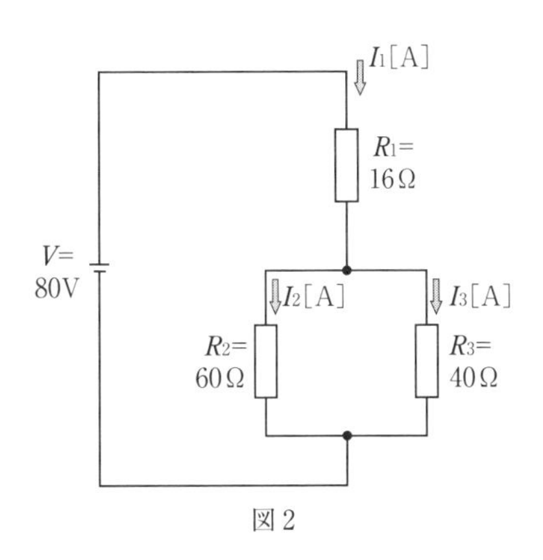

図 2

3　図 3 の回路で，スイッチ S を閉じても検流計 G の針が振れなかった。
抵抗 R と，この回路の合成抵抗 R_0 [Ω] を求めよ。

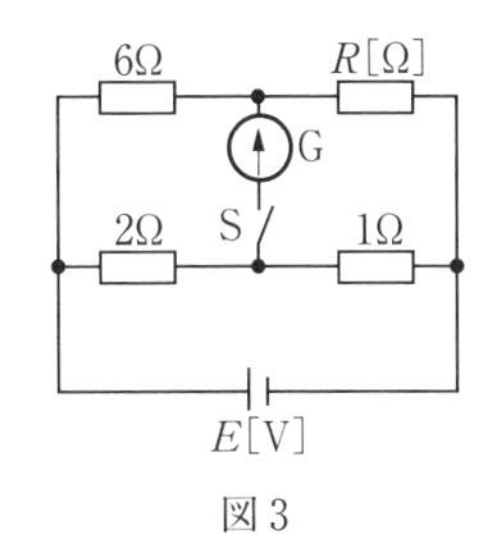

図 3

4 図4の回路の電流 I_1, I_2, I_3 [A] を求めよ。

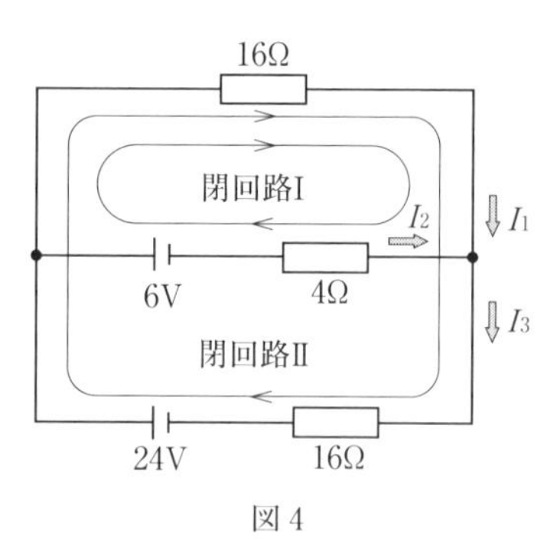

図4

5 100 V, 800 W の電熱器を 90 V の電圧で使ったときの消費電力 P [W] を求めよ。

6 800 W の電気ストーブを毎日 8 時間ずつ, 30 日間使用したときの電力量 W を [kW·h] で表せ。

7 15 Ω の抵抗に 0.5 A の電流を 1 時間流した。このとき, 発生する熱量 H を [kJ] で表せ。

8 800 W の電熱器を用いて, 1 L の水を 20 ℃から 95 ℃の温度にするのに要する時間 t を [分] で表せ。ただし, 電熱器が発熱する量の 90 %が水に有効に供給されるものとする。なお, 水 1 g の温度を 1 ℃上昇させるのに必要な熱量は 4.19 J とする。

章　末　問　題　2

〈注意〉 解答は，各問題の下のわく囲みの中から選び，その記号を解答欄に記入せよ。なお解答は，正しいもの，またはそれに近いものを選ぶこと。

1 次の問いに答えよ。

(1) 図 1 のように，最大目盛 100 mA，内部抵抗が 20 Ω の直流電流計に分流器を接続し，測定範囲を 300 mA まで拡大したい。分流器の抵抗 r_s [Ω] を求めよ。

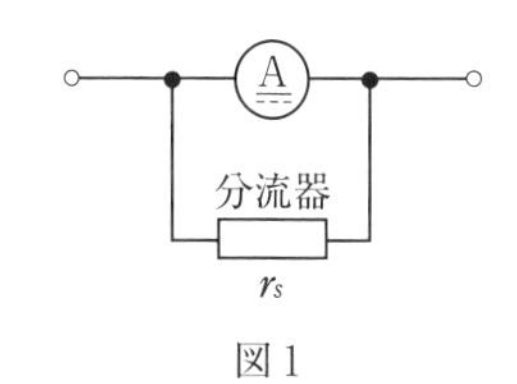

図 1

(2) 図 2 のように，最大目盛 30 V，内部抵抗 60 kΩ の直流電圧計に，直列抵抗器を接続し，測定範囲を 100 V まで拡大したい。直列抵抗器の抵抗 r_m [kΩ] を求めよ。

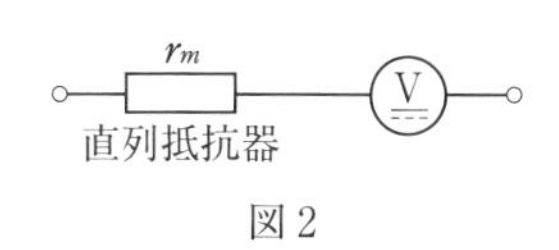

図 2

ア．2	イ．4	ウ．10	エ．14
オ．40	カ．140	キ．200	ク．1400

(1)	
(2)	

2 図3の回路について，次の問いに答えよ。

(1) スイッチSを開いたとき，

(a) 合成抵抗 R_0 [Ω] を求めよ。

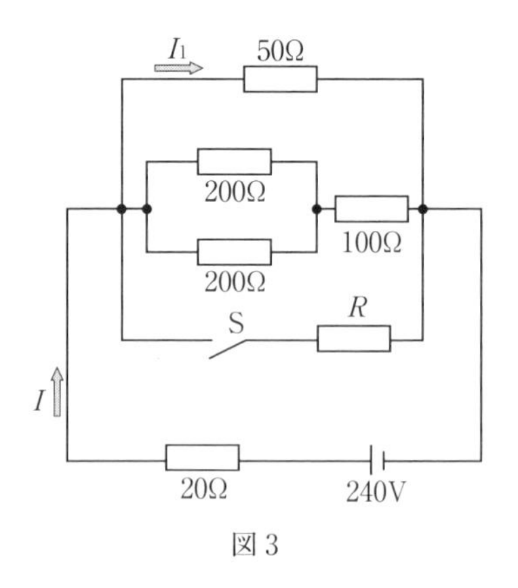

図3

(b) 20 Ω の抵抗で消費する電力 P [W] を求めよ。

(c) 電流 I_1 [A] を求めよ。

(2) スイッチSを閉じたとき，回路全体の消費電力を 1440 W にしたい。そのときの抵抗 R [Ω] を求めよ。

ア．0.32	イ．0.8	ウ．2	エ．3.2
オ．4	カ．20.25	キ．24	ク．32
ケ．40	コ．60	サ．80	シ．320
ス．400	セ．420	ソ．1600	タ．3200

(1)	(a)	
	(b)	
	(c)	
(2)		

3　図4の回路について次の問いに答えよ。

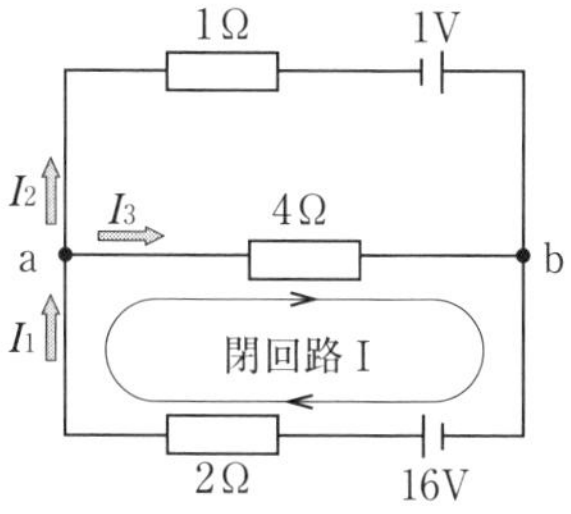

(1)　接続点aについてキルヒホッフの第1法則を用いると
(　　　　　　　　　　)＝0となる。

(2)　閉回路Iについてキルヒホッフの第2法則を用いると
(　　　　　　　　　　　　)となる。

(3)　電流 I_1[A]を求めよ。

(4)　ab間の電位差 V_{ab}[V]を求めよ。

図4

ア．$I_1+I_2+I_3$	イ．$2I_1+4I_3=16$	ウ．-1	エ．0.25
オ．$I_1+I_2-I_3$	カ．$2I_1+4I_3=-16$	キ．1	ク．4
ケ．$I_1-I_2+I_3$	コ．$-2I_1-4I_3=16$	サ．5	シ．6
ス．$I_1-I_2-I_3$	セ．$-2I_1+4I_3=-16$	ソ．12	タ．28

(1)	
(2)	
(3)	
(4)	

第3章　静電気

1　電荷とクーロンの法則　（教科書　p. 56～68）

1　静電気　（p. 56～57）

1　次の文の（　　）に適切な用語を下記の語群から選び記入せよ。

(1)　2種類の物質を摩擦すると，一方の物質の(1　　　　)が他方の物質へ移動し，それぞれの物質が(2　　　　)と(3　　　　)の電気を帯びる。このように，物質が電気を帯びることを，(4　　　　)という。

(2)　2種類の物質を摩擦したとき，どちらの物質が正（プラス）または負（マイナス）の電気を帯びるかは，物質の種類によって(5　　　　)。正に帯電しやすい順に並べたものを(6　　　　)という。

(3)　帯電体が絶縁されていれば，電荷が他の物質へ移動することはない。このように静止している電気を(7　　　　)という。

【語群】　異なる　　正　　静電気　　帯電　　電子　　負　　摩擦序列

2　静電誘導と静電遮へい　（p. 58～59）

1　次の文の（　　）に適切な用語を次の語群から選んで記入せよ。
ただし，用語は何回使用してもよい。

(1)　図1のような装置を(1　　　　　　)という。この装置は，物質が(2　　　　)しているかどうかを調べるのに使われる。

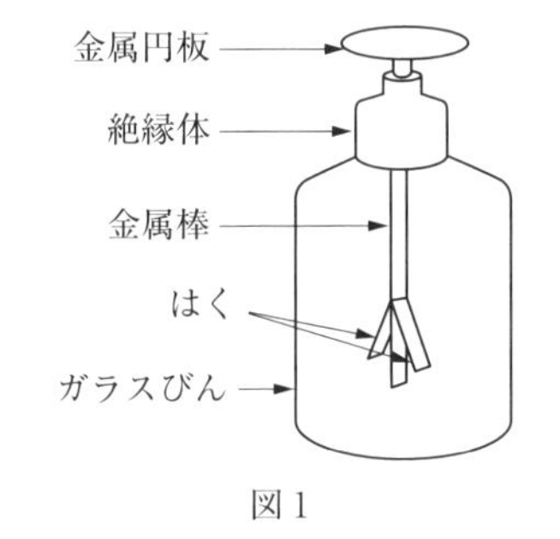

図1

(2)　図1の金属円板に正の電気を帯びた物質，すなわち正の帯電体を近づけると，はくの表面の(3　　　　)が金属円板に引き寄せられる。その結果，はくは(4　　　　)に帯電する。この場合，2枚のはくは(5　　　　)。この現象は，2枚のはくが，(6　　　　)種類の電荷のため，たがいに反発したために生じたのである。

(3)　また，図1の金属円板に負の帯電体を近づけると，金属円板の(7　　　　)がはくの方へ移動する。その結果，はくは(8　　　　)に帯電する。この場合も，2枚のはくは(9　　　　)。その理由は，2枚のはくに帯電した電荷が，(10　　　　)種類だからである。

(4)　導体に帯電体を近づけると，帯電体に近い方の導体の表面には，帯電体の電気と(11　　　　)種類の電気が現れ，遠い方の導体の表面には帯電体の電気と(12　　　　)種類の電気が現れる。このような現象を(13　　　　)という。

(5)　また，帯電した物体を地面などに接触させると，電気的に(14　　　　)にすることができる。これを(15　　　　)という。

【語群】　同じ　　異なる　　自由電子　　正　　接地　　静電誘導
　　　　　閉じる　　帯電　　中性　　はく検電器　　開く　　負

2　次の文の(　　)内に適切な用語を下記の語群から選び記入せよ。ただし，用語は何回使用してもよい。

(1)　図2のように，接地した金網Bで導体Aを包んだとき，負の帯電体を近づけると，Bの帯電体に近い側に(1　　　　)の電気が現れ，(2　　　　)の電気は接地を通して大地へ移動する。

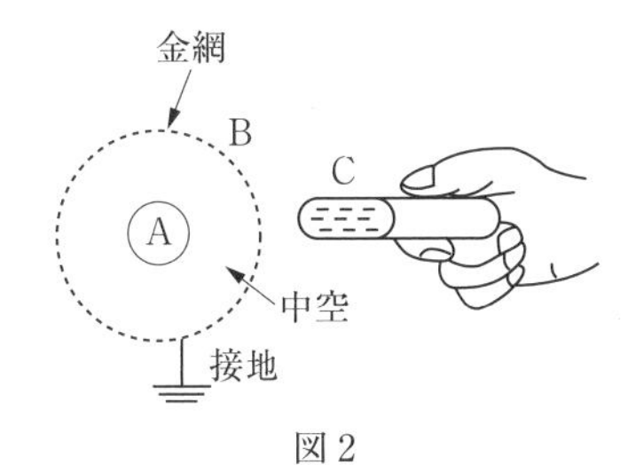

図2

(2)　したがって，金網の内部にある導体Aは，帯電した導体Cの影響を受けることはない。このような現象を(3　　　　)という。

(3)　電子機器類の静電誘導を防止するため，この(4　　　　)が広く利用されている。

(4)　図3は，(5　　　　)線とよばれ，心線を金属の網で被覆した電線である。

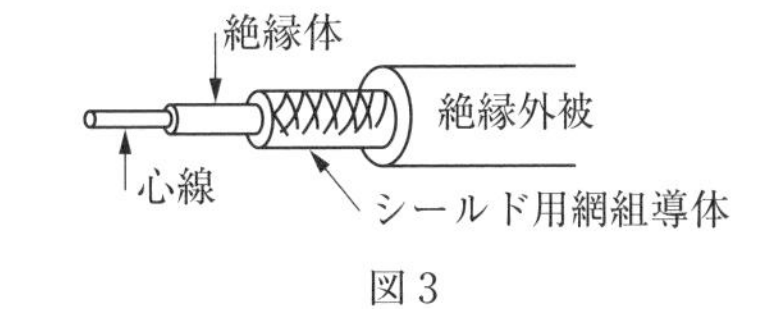

図3

(5)　この電線は，静電気などによる外部からの影響が心線に及ばないよう，(6　　　　)の原理を利用したものである。

【語群】　正　　静電遮へい　　シールド　　負

3 静電気に関するクーロンの法則 (p. 60〜61)

1 次の文の(　　)に適切な用語，式，または記号を下記の語群から選んで記入せよ。

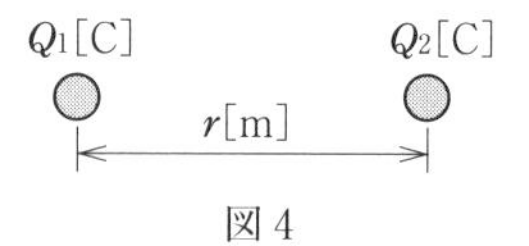

図 4

(1) 図 4 のように，二つの帯電体の電荷が Q_1 [C]，Q_2 [C] で，帯電体の間の距離が r [m] であるとき，電荷の種類が同じであれば(1　　　　)，異なれば(2　　　　)が働く。

(2) この 2 種類の力を(3　　　　)といい，単位には(4　　　　)が用いられる。

(3) 静電力の大きさ F は，二つの電荷 Q_1，Q_2 [C] の積に比例するので次の式で表すことができる。

$F \propto$ (5　　　　)　　　　……(i)

➔ ∝は，両辺が比例関係にあることを表す記号である。

また，静電力の大きさ F は，静電体の間の距離 r [m] の 2 乗に反比例するので次の式で表すことができる。

$F \propto$ (6　　　　)　　　　……(ii)

(4) 式(i)と式(ii)から，F は次のようになる。

$F \propto$ (7　　　　)

比例定数を k とすれば，F は次式で表される。

$F =$ (8　　　　) [N]　　　　……(iii)

(5) 真空中の比例定数 k は，次の式で表すことができる。ただし真空の誘電率を ε_0 [F/m] とする。

$k =$ (9　　　　)　　　　……(iv)

(6) ε_0 を 8.85×10^{-12} [F/m] として，比例定数を計算すると，

$k =$ (10　　　　)

となる。

(7) したがって，式(iii)は，次のように表される。

$F =$ (11　　　　　　　　) [N]

(8) 空気の誘電率は，(12　　　　)の誘電率とおおよそ同じ値である。

(9) いろいろな誘電体の誘電率 ε と真空の誘電率 ε_0 との比を(13　　　　)といい，ε_r で表す。ε_r は次の式となる。

$\varepsilon_r =$ (14　　　　)

【語群】 吸引力　　真空　　静電力　　反発力　　比誘電率　　$k\dfrac{Q_1Q_2}{r^2}$

N　　Q_1Q_2　　$\dfrac{1}{r^2}$　　$\dfrac{Q_1Q_2}{r^2}$　　$\dfrac{\varepsilon}{\varepsilon_0}$　　$\dfrac{1}{4\pi\varepsilon_0}$　　9×10^9

$9 \times 10^9 \times \dfrac{Q_1Q_2}{r^2}$

2 真空中で2個の電荷を図5のように置いた。電荷間に働く静電力の大きさ F[N] を求めよ。 例題

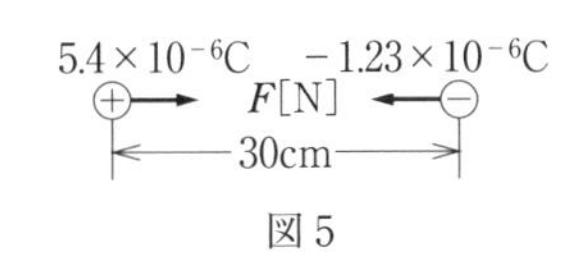

5.4×10^{-6}C
-1.23×10^{-6}C
F[N]
30cm
図5

3 真空中で2個の電荷を図6のように置いた。電荷間に働く静電力の大きさ F[N] を求めよ。

$Q_1=2\times10^{-6}$C
$Q_2=3\times10^{-6}$C
F[N]
20cm
F[N]
図6

4 真空中で2個の電荷を図7のように置いた。電荷間に働く静電力の大きさ F[N] を求めよ。

$Q_1=9\mu$C
$Q_2=18\mu$C
F[N]
90cm
F[N]
図7

5 真空中で3 cm 離して，等量の2個の正電荷を置いたとき，電荷に働く静電力の大きさが10 N であった。電荷の大きさ Q [μC] を求めよ。また，この場合の静電力は，吸引力か反発力か。

6 真空中に，4 μC と 0.8 μC の2個の電荷を置いたところ，大きさ 0.18 N の静電力が生じた。電荷間の距離 r [cm] を求めよ。

7 雲母の誘電率が 4.5×10^{-11} F/m であるとき，この雲母の比誘電率 ε_r を求めよ。

8 比誘電率が150である物質の誘電率 ε [F/m] を求めよ。

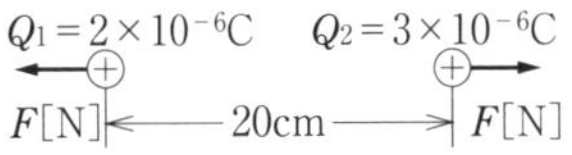

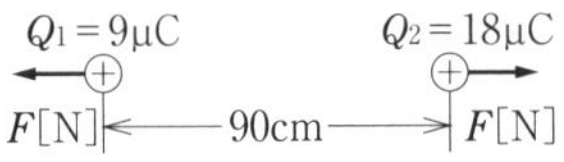

4 電界 (p. 62〜63)

1 次の文の（　）に適切な用語，式または記号を下記の語群から選んで記入せよ。ただし，用語，式または記号は何回使用してもよい。

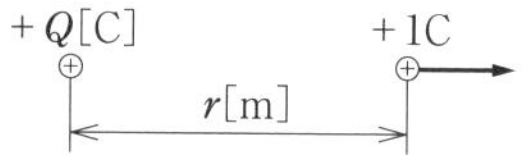

+Q[C]　+1C

r[m]

図8

(1) 複数の帯電体があるとき，それぞれの帯電体には静電力が働く。このように静電力が働く空間を(1　　　)という。

(2) 図8のように，静電力が働く空間に +1 C の電荷を置いたときに働く静電力の大きさと向きで(2　　　)を表す。その大きさの単位には(3　　　)が用いられる。

(3) 比誘電率 ε_r の物質中に $+Q$ [C] と +1 C の電荷を r [m] の距離に置いたときの静電力 F は，次の式で表される。

$F =$ (4　　　　　　) [N]

$= 9 \times 10^9 \times$ (5　　　　　) [N]　　……(v)

(4) 式(v)から，$+Q$ [C] の電荷によるある点の電界の大きさ E は次の式で表される。

$E = 9 \times 10^9 \times$ (6　　　　　) [V/m]　　……(vi)

【語群】 電界　　電界の大きさ　　$\dfrac{Q}{\varepsilon_r r^2}$　　V/m　　$\dfrac{1}{4\pi\varepsilon_0\varepsilon_r} \times \dfrac{Q}{r^2}$

2 空気中で 5 μC の電荷から 1 m 離れた点の電界の大きさ E [V/m] を求めよ。 例題

3 真空中で 2.7×10^{-5} C の電荷から 3 m 離れた点の電界の大きさ E [V/m] を求めよ。

4 Q [C] の電荷を，E [V/m] の電界中に置いたとき，電荷に働く静電力 F [N] は，どのような式で表されるか。

5 800 V/m の電界中に，5×10^{-6} C の電荷が置かれている。この電荷に働く静電力 F [N] を求めよ。 例題

5 電気力線 (p. 64～65)

1 次の文の（　　）に適切な用語を下記の語群から選んで記入せよ。

(1) 電界の状態などを表すために用いる仮想の線を(1　　　　)という。

(2) 電気力線の性質は，次のようである。

・任意の点における電気力線の接線の向きは，その点の電界の(2　　　　)を示す。

・電界と垂直な電気力線の密度は，その点の電界の(3　　　　)を表す。

・電気力線は，ゴムひものように，つねに縮もうとし，相互に(4　　　　)する。

【語群】 大きさ　　電気力線　　反発　　向き

6 電束と電束密度 (p. 66～67)

1 次の文の（　　）に適切な用語または式を入れよ。

(1) Q [C] の電荷からは Q 本の仮想の線が出るものとし，これを(1　　　　)という。

(2) 図 9 のような球があり，Q 本の電束が出ているとすると，単位面積あたりの電束を(2　　　　)という。

(3) 表面積が A [m^2] の球があり，この球から Q 本の電束が出ているとき，電束密度 D は次のように表される。

$D =$ (3　　　　) [C/m^2]

また，球の半径が r [m] のとき，電束密度 D は，

$D =$ (4　　　　) [C/m^2] となる。

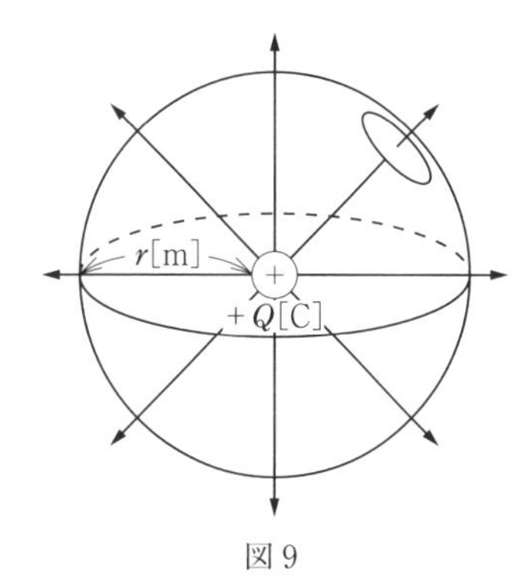

図 9

2 真空中に置いた $+2$ C の電荷から出る電束は，何本か。また，この電束が 2 cm^2 の平面から出るとして電束密度 D [C/m^2] を求めよ。 例題

3 真空中で，8×10^{-6} C の電荷から 3 m 離れた点の電界の大きさ E と電束密度 D [C/m^2] を求めよ。 例題

2 コンデンサ （教科書 p. 70〜79）

1 静電容量 （p. 70）

1 次の文の（ ）に適切な用語，記号または式を下記の語群から選んで記入せよ。

⑴ 図1のように，2枚の金属板の間に誘電体を挿入したものを（1 ）という。

⑵ コンデンサに電圧を加えると，電荷がたくわえられる。これを（2 ）という。

⑶ 図1のように，コンデンサに直流電圧 V[V] を加えたとき，Q[C] の電荷がたくわえられた。電荷 Q は電圧 V に比例するので，次のように表すことができる。

Q（3 ）

ここで，比例定数を C とすれば，Q は

$Q =$（4 ）[C] ……(i)

となる。式(i)から，C は次の式で表される。

$C =$（5 ）

この C をコンデンサの（6 ）という。この単位には，（7 ）が用いられる。

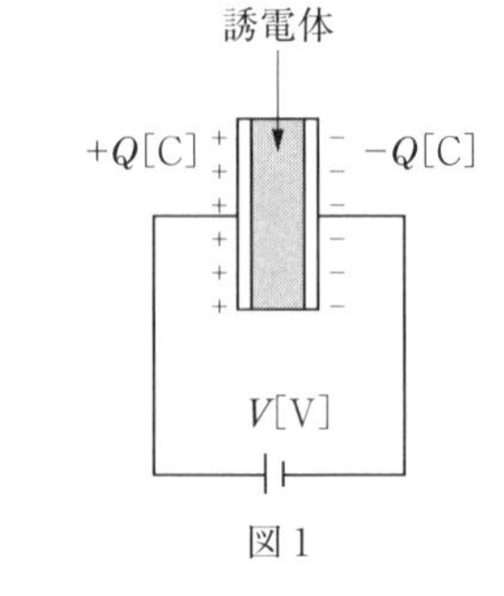

図1

➜ 3は記号 ∝ を用いて表す。

⑷ 図2のように，金属板の面積を A [m²]，金属板間の距離を l [m]，誘電体の比誘電率を ε_r とすると，コンデンサの静電容量 C [F] は，ε_0，ε_r，A，l を用いて，

$C =$（8 ）[F] ……(ii)

と表される。ここで，ε_0 を数値で表せば，式(ii)は次のようになる。

$C =$（9 ）[F]

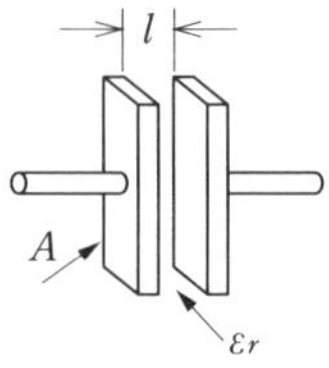

図2

【語群】 コンデンサ　充電　静電容量　CV　F

$\dfrac{Q}{V}$　$\propto V$　$\varepsilon_0\varepsilon_r\dfrac{A}{l}$　$8.85 \times 10^{-12} \times \varepsilon_r\dfrac{A}{l}$

2 0.47 μF のコンデンサに 100 V の直流電圧を加えたとき，コンデンサにたくわえられる電荷 Q [μC] を求めよ。

3 図3のように，あるコンデンサに直流電圧 10 V を加えたところ，5×10^{-6} C の電荷がたくわえられたという。このコンデンサの静電容量 C [μF] を求めよ。

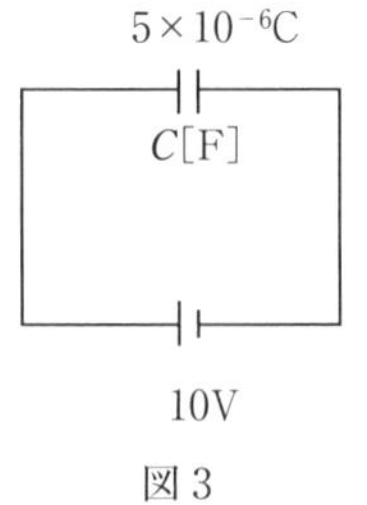

図3

4 50 pF のコンデンサに 150×10^{-12} C の電荷をたくわえたい。金属板間の電圧 V [V] を求めよ。

5 図 4 のように，面積が 100 cm^2 の 2 枚の金属板が，空気中で 4 mm 離して平行に置かれている。この金属板間の静電容量 C [pF] を求めよ。 例題

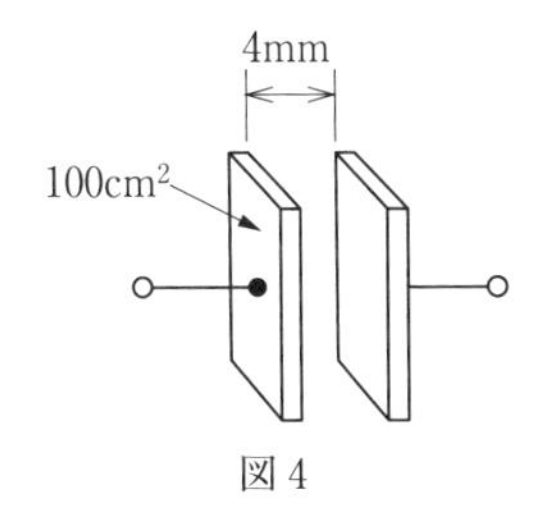

図 4

2 コンデンサの種類と静電エネルギー (p. 72〜73)

1 次の文の（　　）に適切な用語を下記の語群から選んで記入せよ。

(1) 静電容量が一定のコンデンサを(1　　　　)コンデンサという。

(2) 軸を回すと電極板の対向面積が変化し，静電容量が変化する。このようなコンデンサを(2　　　　)コンデンサという。

(3) ねじを回して静電容量を変えたあと，固定して使用するコンデンサを(3　　　　)コンデンサという。

(4) 充電されたコンデンサにたくわえられているエネルギーを(4　　　　)という。コンデンサの電圧を V [V]，電荷を Q [C] とすると，(4　　　　) W [J] は，$W =$ (5　　　　)で表される。

【語群】 可変　　固定　　静電エネルギー　　半固定　　$\dfrac{1}{2}QV$

2 図 5 のようなコンデンサがある。教科書の見返し 4 に示した「抵抗器・コンデンサの表示記号」を参考に，次の問いに答えよ。

(1) J はどういう意味か。

(2) このコンデンサの静電容量 C [μF] はいくらか。

図 5

3 静電容量 20 μF のコンデンサに電圧 120 V を加えたとき，コンデンサにたくわえられる静電エネルギーを求めよ。 例題

4 静電容量 10 μF のコンデンサに電荷 200 μC がたくわえられているとき，コンデンサにたくわえられている静電エネルギーを求めよ。

3 コンデンサの並列接続 (p. 74〜75)

1　次の文の（　　）に適切な式を入れよ。

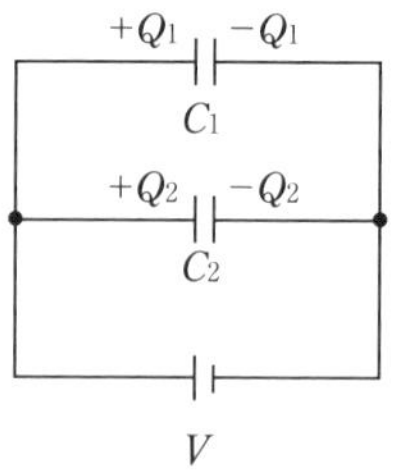

(1)　図 6 の回路において，各コンデンサ C_1，C_2 [F] にたくわえられる電荷 Q_1，Q_2 [C] は，次の式で表される。

Q_1 = (1　　　　) [C]
Q_2 = (2　　　　) [C]　……(iii)

(2)　コンデンサにたくわえられる全電荷 Q [C] は，次のようになる。

Q = (3　　　　　　) [C]　……(iv)

(3)　式(iv)に式(iii)を代入して

Q = (4　　　　　　　　)
　= V(5　　　　　　　　) [C]

(4)　したがって，合成静電容量 C_0 [F] は，

$C_0 = \dfrac{Q}{V}$ = (6　　　　　　　　) [F] となる。

図 6

2　3 μF，4 μF のコンデンサを並列に接続したときの合成静電容量 C_0 [μF] を求めよ。

3　図 7 の回路において，次の問いに答えよ。 

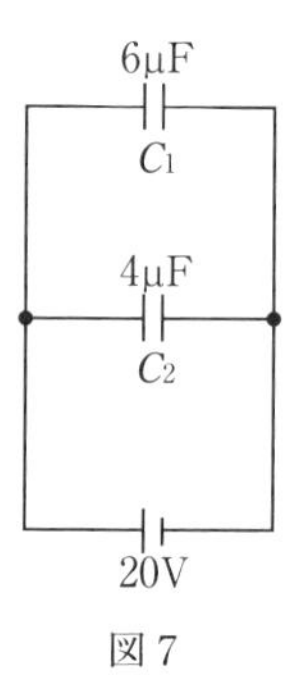

図 7

(1)　合成静電容量 C_0 [μF] を求めよ。

(2)　6 μF のコンデンサにたくわえられる電荷 Q_1 [μC] を求めよ。

(3)　4 μF のコンデンサにたくわえられる電荷 Q_2 [μC] を求めよ。

(4)　コンデンサにたくわえられる全電荷 Q [μC] を求めよ。

4 コンデンサの直列接続 (p. 76～77)

5 コンデンサの直並列接続 (p. 78～79)

1 次の文の（　　）に適切な式を入れよ。

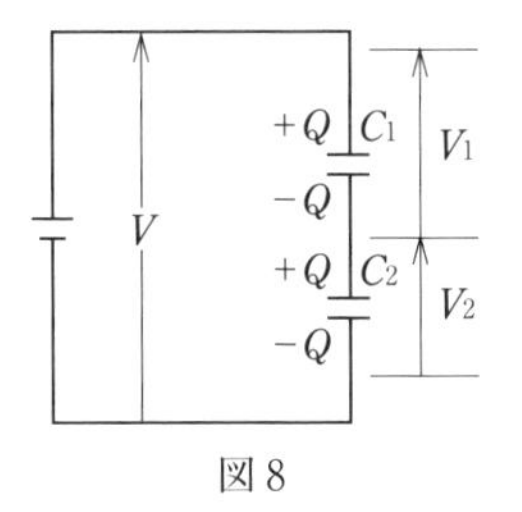

図 8

(1) 図 8 の回路において，電源電圧 V [V] は，V_1，V_2 を用いて次のように表すことができる。

$V =$ (1　　　　) [V]　　……(v)

(2) また，V_1，V_2 [V] は，Q と C_1，C_2 を用いて次のように表すことができる。

$V_1 =$ (2　　　　) [V]
$V_2 =$ (3　　　　) [V]　　……(vi)

(3) 式(v)と式(vi)から

$V =$ (4　　　　　　　　)
$= Q$(5　　　　　　　　) [V]　　……(vii)

となる。

(4) したがって，合成静電容量 C_0 [F] は次のようになる。

$$C_0 = \frac{Q}{V} = \frac{1}{(6\qquad\qquad)}\ [\mathrm{F}]$$

2 1 μF，2 μF のコンデンサを直列に接続したとき，その合成静電容量 C_0 [μF] を求めよ。 

3 静電容量が C [F] の 2 個のコンデンサがある。このコンデンサを並列に接続したときの合成静電容量を C_1 [F]，直列に接続したときの合成静電容量を C_2 [F] とすると，C_1 と C_2 の比すなわち $\dfrac{C_1}{C_2}$ はいくらになるか。

4 図 9 の回路において，次の問いに答えよ。 例題

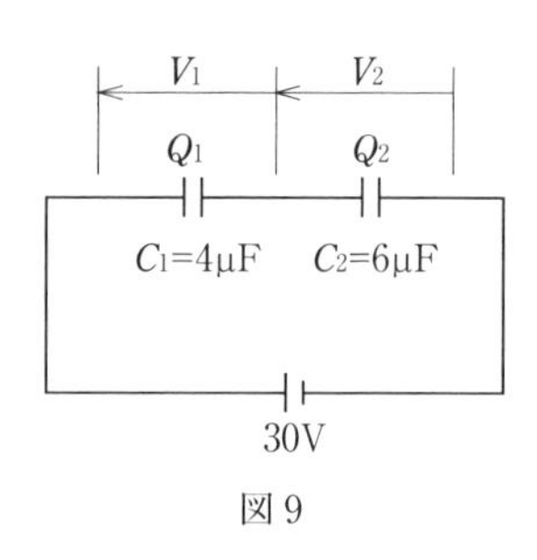

図 9

(1) 合成静電容量 C_0 [μF] を求めよ。

(2) コンデンサにたくわえられる電荷 Q_1，Q_2 [μC] を求めよ。

(3) コンデンサの両端の電圧 V_1，V_2 [V] を求めよ。

5 図 10 の回路において，合成静電容量 C_0 [μF]，たくわえられる全電荷 Q [μC] および各コンデンサの両端の電圧 V_1，V_2 [V] を求めよ。

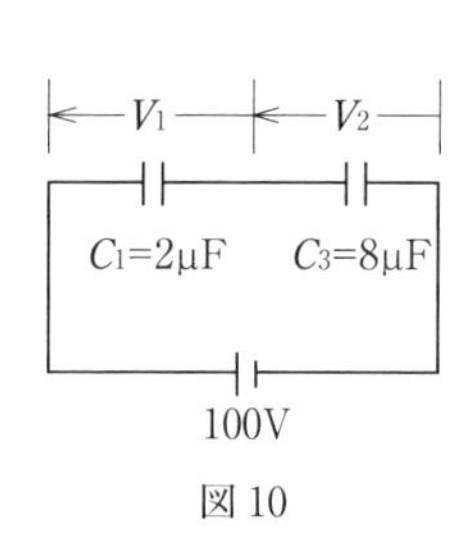

図 10

6 図 11 の回路において，次の問いに答えよ。

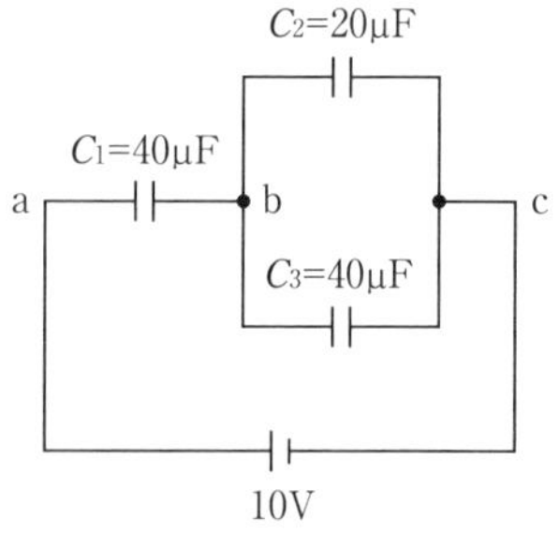

C_2=20μF
C_1=40μF
a　b　c
C_3=40μF
10V
図 11

(1) 合成静電容量 C_0 [μF] を求めよ。

(2) コンデンサ C_1 にたくわえられる電荷 Q_1 [μC] を求めよ。

(3) a-b，b-c 間の電圧，V_{ab}，V_{bc} [V] を求めよ。

(4) コンデンサ C_2 にたくわえられる電荷 Q_2 [μC] を求めよ。

章末問題1

1　図1の回路において，次の問いに答えよ。

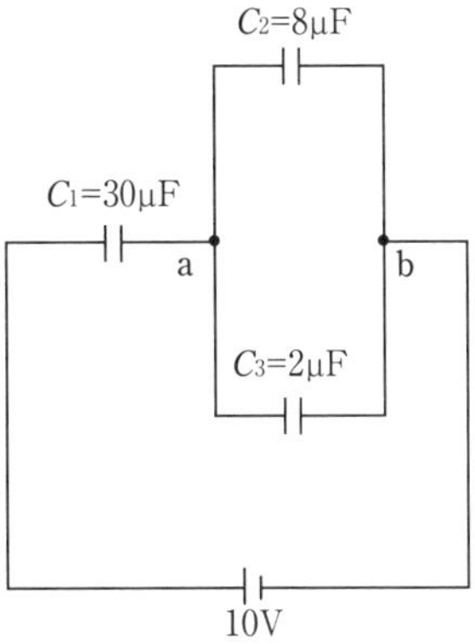

(1)　合成静電容量 C_0 [μF] を求めよ。

(2)　30 μF のコンデンサにたくわえられる電荷 Q_1 [μC] を求めよ。

(3)　30 μF のコンデンサの両端の電圧 V_1 [V] を求めよ。

(4)　ab 間の電圧 V_{ab} [V] を求めよ。

(5)　2 μF のコンデンサにたくわえられる電荷 Q_3 [μC] を求めよ。

図1

2　図2の回路において，次の問いに答えよ。

(1)　合成静電容量 C_0 [μF] を求めよ。

(2)　ab 間の電圧 V_{ab} [V] を求めよ。

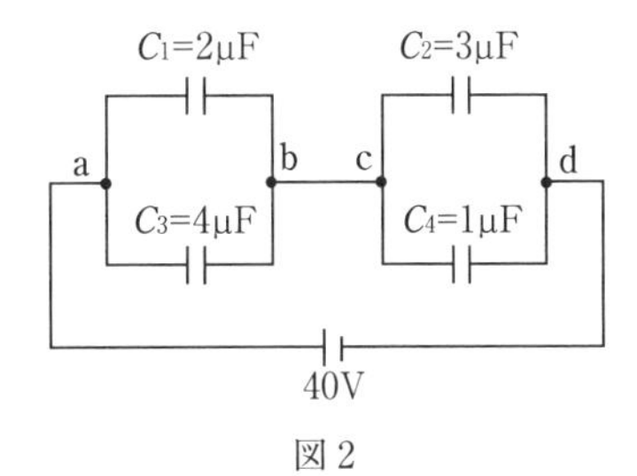

図2

(3)　2 μF のコンデンサにたくわえられる電荷 Q_1 [μC] を求めよ。

(4)　cd 間の電圧 V_{cd} [V] を求めよ。

(5)　3 μF のコンデンサにたくわえられる電荷 Q_2 [μC] を求めよ。

(6)　4 μF のコンデンサにたくわえられる静電エネルギー W [J] を求めよ。

章末問題 2

〈注意〉 解答は，各問題の下のわく囲みの中から選び，その記号を解答欄に記入せよ。なお，解答は，正しいもの，またはそれに近いものを選ぶこと。

1 次の問いに答えよ。

(1) 3個のコンデンサ C_1，C_2，C_3 [F] がある。C_1，C_2，C_3 がそれぞれ 10，20，30 μF の場合，それらを直列に接続したときの合成静電容量 C_s [μF] と並列に接続したときの合成静電容量 C_p [μF] を求めよ。

(2) 図1の回路において，C_1，C_2 にたくわえられた電荷 Q_1，Q_2 [C]，および C_1，C_2 の両端の電圧 V_1，V_2 [V] を求めよ。

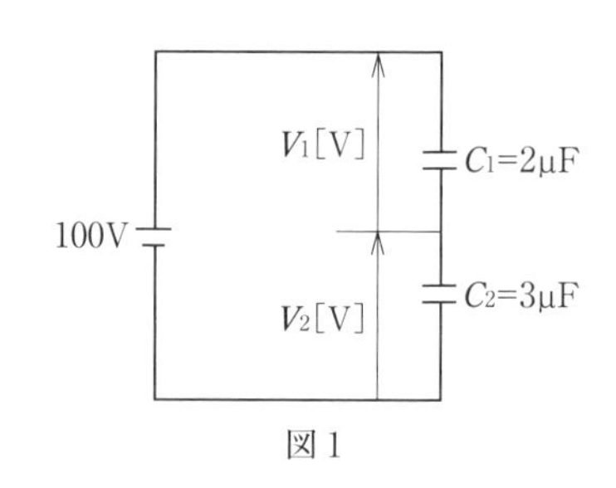

図1

(3) 5 μF のコンデンサに 100 V の電圧を加えた。この場合，コンデンサにたくわえられた電荷 Q [C] を求めよ。

ア．2.72	イ．5.45	ウ．10.9	エ．12.7
オ．6	カ．40	キ．60	ク．70
ケ．80×10^{-6}	コ．100×10^{-6}	サ．120×10^{-6}	
シ．160×10^{-6}	ス．180×10^{-6}	セ．200×10^{-6}	
ソ．10	タ．30	チ．50	ツ．80
テ．500×10^{-6}	ト．600×10^{-6}	ナ．900×10^{-6}	

(1)	C_s	
	C_p	
(2)	Q_1	
	Q_2	
	V_1	
	V_2	
(3)	Q	

2 図2の回路について，次の問いに答えよ。

(1) 合成静電容量 C_0 [μF] を求めよ。

(2)　C_1 の両端の電圧 V_1 [V] を求めよ。

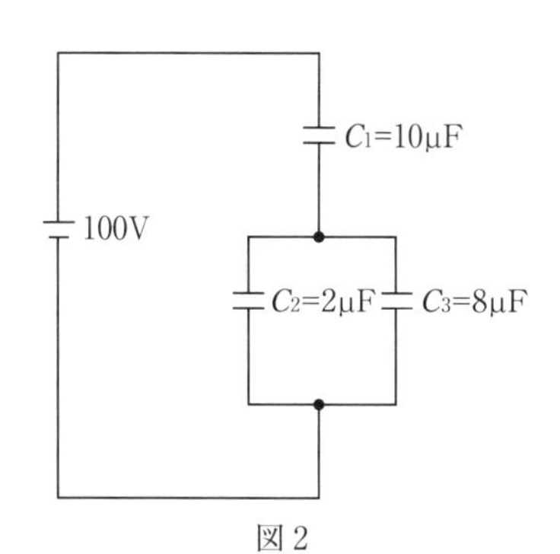

図2

(3)　C_2 にたくわえられた電荷 Q_2 [μC] を求めよ。

(4)　C_3 にたくわえられる静電エネルギー W [J] を求めよ。

ア．1.6	イ．5	ウ．11.6	エ．20
オ．30	カ．40	キ．50	ク．60
ケ．100	コ．200	サ．300	シ．400
ス．0.0125	セ．0.125	ソ．12.5	タ．125
チ．0.100	ツ．1.25	テ．0.01	ト．0.001

(1)	
(2)	
(3)	
(4)	

3　図3の回路について，次の問いに答えよ。

(1)　C_1 にたくわえられた電荷 Q_1 [μC] を求めよ。

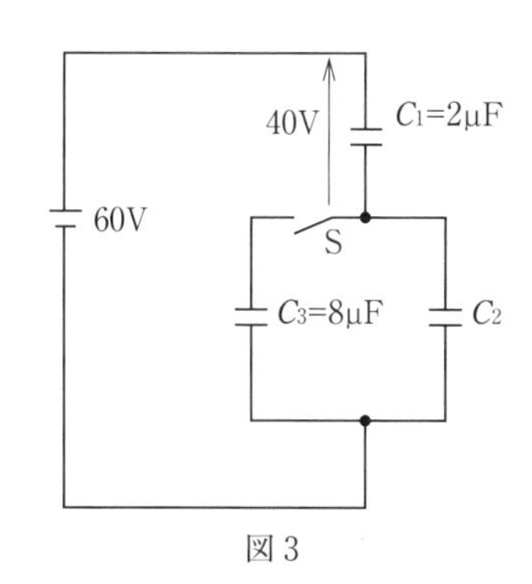

図3

(2)　コンデンサ C_2 の静電容量 [μF] を求めよ。

(3)　スイッチSを入れたとき，C_1 の両端の電圧 V_1 [V] を求めよ。

ア．20	イ．40	ウ．80	エ．100
オ．2	カ．3	キ．4	ク．5
ケ．8.57	コ．17.1	サ．51.3	シ．60

(1)	
(2)	
(3)	

第4章　電流と磁気

1　磁石とクーロンの法則　(教科書　p. 82〜92)

1　磁気　(p. 82〜83)

1　次の文の（　　）に適切な用語または記号を下記の語群から選び記入せよ。ただし、用語または記号は何回使用してもよい。

(1)　鉄のくぎを磁石に近づけると，くぎは磁石に引きつけられる。このような性質を(1　　　　)といい，そのもとになるものを(2　　　　)という。

(2)　磁石には，磁石の最も強い部分が両端にある。その両端を磁極といい，両磁極を結ぶ直線を(3　　　　)という。磁極の大きさを表す単位には，(4　　　　)が用いられる。

(3)　棒磁石の中央を糸で結び，空中につるすと，棒磁石は南北の向きに止まる。このとき，北を指す磁極を(5　　　　)極，南を指す磁極を(6　　　　)極という。

(4)　図1のように，磁石にくぎなどの鉄片を近づけると，鉄片が磁化されて，N極に近い方に(7　　　　)極，遠い方に(8　　　　)極が現れる。このように，磁石によって磁化されることを磁気誘導といい，磁気が誘導される物質を(9　　　　)という。

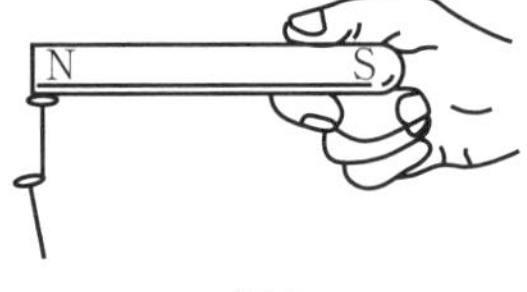

図1

(5)　鉄は，強く磁化される(10　　　　)である。また，アルミニウムは，弱く磁化される(11　　　　)，銅は，磁界と逆向きに弱く磁化される(12　　　　)である。

【語群】　磁軸　　Wb　　強磁性体　　磁気　　磁性体
N　　S　　反磁性体　　常磁性体　　磁性

2 磁気に関するクーロンの法則 (p. 84〜85)

1 次の文の（　　）に適切な用語または式を入れよ。

(1) 同極どうしの磁極間には(1　　　　)力が働き，異極どうしの磁極間には(2　　　　)力が働く。

(2) 空気中に，m_1，m_2 [Wb]の強さの磁極を r [m] 離して置いたとき，両磁極間に働く磁力の大きさ F [N] は，

$F = 6.33 \times 10^4 \times \dfrac{(3\qquad)}{(4\qquad)}$ [N] である。

(3) 比透磁率 μ_r の物質中に，m_1，m_2 [Wb] の強さの磁極を r [m] 離して置いたとき，両磁極間に働く磁力の大きさ F [N] は，

$F = 6.33 \times 10^4 \times \dfrac{(5\qquad)}{(6\qquad)}$ [N] である。

2 空気中で，二つの磁極を図2のように置いた。両磁極間に働く磁力の大きさ F [N] を求めよ。 

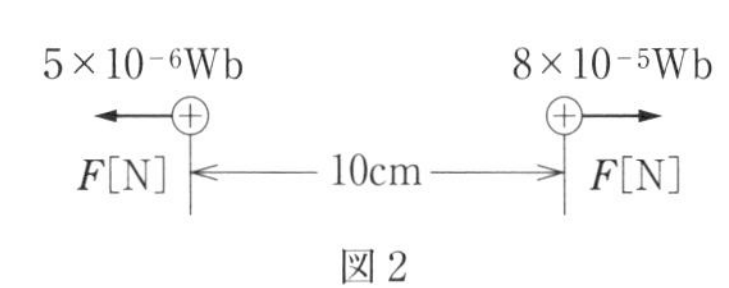

図 2

3 空気中で，二つの磁極を図3のように置いた。両磁極間に働く磁力の大きさ F [N] を求めよ。

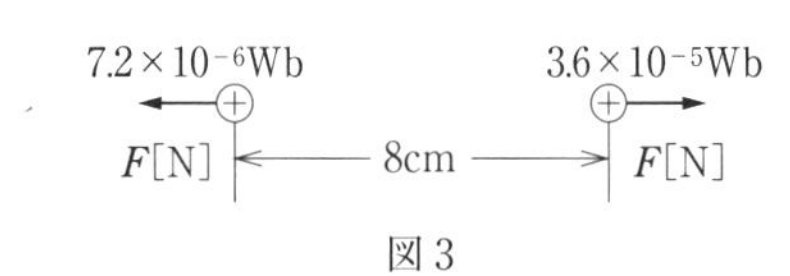

図 3

4 比透磁率 μ_r が5の物質中で，二つの磁極を図4のように置いたところ，両磁極間に 5×10^{-5} N の吸引力が働いた。両磁極間の距離 r [cm] を求めよ。 例題

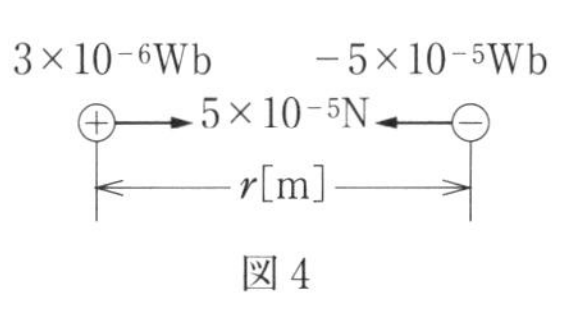

図 4

3 磁界 (p. 86〜87)

1 次の文の（　　）に適切な記号または式を入れよ。

(1) 空気中で，m [Wb] の磁極から r [m] 離れた点の磁界の大きさ H [A/m] は，

$H = 6.33 \times 10^4 \times \dfrac{(1\qquad)}{(2\qquad)}$ [A/m] である。

(2) 比透磁率 μ_r の物質中で，m [Wb] の磁極から r [m] 離れた点の磁界の大きさ H [A/m] は，

$H = 6.33 \times 10^4 \times \dfrac{(3\qquad)}{(4\qquad)}$ [A/m] である。

(3) H [A/m] の磁界中に m [Wb] の磁極を置くと，これに働く力の大きさ F [N] は，

$F =$ (5　　　) [N] となる。

2 真空中で，5×10^{-4} Wb の磁極から 40 cm 離れた点の磁界の大きさ H [A/m] を求めよ。 

3 真空中で，7.5×10^{-5} Wb の磁極から 20 cm 離れた点の磁界の大きさ H [A/m] を求めよ。

4 30 A/m の磁界内に置いた 4×10^{-5} Wb の磁極に働く力 F [N] を求めよ。 

5 200 A/m の磁界内に m [Wb] の磁極を置いたとき，0.56 N の力が働いた。このときの磁極の強さ m [Wb] を求めよ。

4 磁力線 (p. 88〜89)

1 次の文の（　）に適切な用語を下記の語群から選び記入せよ。

(1) 磁力線は，(1　　　　)極から出て，(2　　　　)極へはいる。

(2) ある点での磁力線の接線方向は，その点の磁界の(3　　　　)を表す。

(3) ある点での磁力線の密度は，その点の磁界の(4　　　　)を表す。

(4) 磁力線自身は，引っ張ったゴムひものように縮もうとし，同じ向きに通っている磁力線どうしは，たがいに(5　　　　)し合う。

(5) 磁力線は，途中で(6　　　　)したり，ほかの(7　　　　)と交わったりしない。

(6) ある場所において，外部磁界から影響を受けないようにすることを(8　　　　)といい，鉄などの(9　　　　)が(10　　　　)を通しやすい性質を利用している。

【語群】 大きさ　磁力線　反発　分岐　強磁性体　向き　N　S
磁束　磁気遮へい

5 磁束と磁束密度 (p. 90〜91)

1 次の文の（　）に，適切な式または記号を入れよ。

(1) 比透磁率 μ_r の物質中で，$+m$ [Wb] の磁極が半径 r [m] の球の中心にあるとき，球面上の磁界の大きさ H [A/m] は，

$$H = \frac{1}{4\pi\mu} \times \frac{(1\qquad)}{(2\qquad)} = \frac{1}{4\pi\mu_0\mu_r} \times \frac{(3\qquad)}{(4\qquad)}\ [\text{A/m}]\ \text{である。}$$

(2) 一方，$+m$ [Wb] の磁極からは，m [Wb] の磁束が出ている。球の表面積を A [m^2] とすると，球面上の磁束密度 B [T] は，

$$B = \frac{\phi}{A} = \frac{m}{A} = \frac{m}{(5\qquad)}\ [\text{T}]\ \text{である。}$$

(3) よって，比透磁率 μ_r の物質中における磁界の大きさ H [A/m] と磁束密度 B [T] の間には，次の関係がある。

$$B = (6\qquad)\cdot H = (7\qquad)\cdot\mu_r\cdot H = 4\pi \times 10^{-7}\cdot\mu_r\cdot H\ [\text{T}]$$

2 真空中で 8×10^{-5} Wb の点磁極から 30 cm 離れた点の磁界の大きさ H [A/m] と磁束密度 B [T] を求めよ。

2 電流による磁界 (教科書 p. 93～100)

1 アンペアの右ねじの法則 (p. 93)

1 次の文の( )に適切な用語を下記の語群から選び記入せよ。

(1) コイルの中に鉄心を入れて電流を流すと，アンペアの(1)の法則による(2)が生じ，鉄心は磁化される。そのため，鉄心を入れたコイル全体が，(3)磁石と同じような磁石となる。このような磁石を(4)という。

(2) この場合，(5)手を軽くにぎって親指を水平に開き，コイルに流れる電流の向きに残りの指を合わせると，(6)指の指す向きが，コイル内を通る磁束の向きになる。

【語群】 親　磁界　電磁石　棒　左　右　右ねじ

2 アンペアの周回路の法則と電磁石 (p. 94～95)

1 次の文の( )に適切な用語を下記の語群から選び記入せよ。

(1) 電流によって生じる磁界中を一周する閉曲線を考える。このとき，閉曲線の微小長さ l_1，l_2，l_3，…，l_n とそれぞれの磁界の大きさ H_1，H_2，H_3，…，H_n の(1)の和は，(2)曲線中に含まれる(3)の和に等しい。

(2) これを(4)の周回路の法則という。

【語群】 アンペア　積　電流　閉

2 直線状の長い導体に 10 A の電流を流した。導体から 20 cm 離れた点の磁界の大きさ H [A/m] を求めよ。 例題

3 直線状の長い導体に 15 A の電流を流した。導体から 10 cm 離れた点の磁界の大きさ H [A/m] を求めよ。

4 直線状の長い導体から 15 cm 離れたところの磁界の大きさ H が 10 A/m であった。導体に流れている電流 I [A] を求めよ。

3 磁気回路 (p. 96～97)

1 次の文の（　）に適切な用語または式を入れよ。

(1) コイルの中に鉄心を入れて，コイルに電流を流すと，鉄心の中に(1　　　　)ができるが，この(2　　　　)をつくる原動力を起磁力という。

(2) 巻数 N，電流 I のコイルの起磁力 F [A] は，F = (3　　　　) [A]である。

2 図1のような巻数 200 の環状コイルに，次に示した電流を流したときの起磁力 F [A] を求めよ。

(1) 0.5 A　　　(2) 70 mA

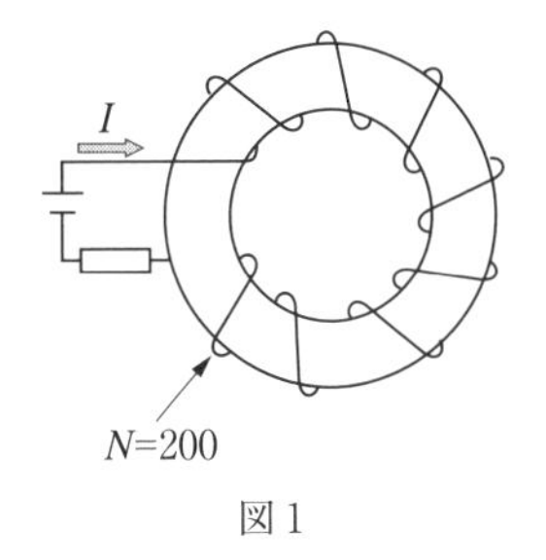

図 1

3 次の（　）を埋めて磁気回路と電気回路との対応表を完成させよ。

磁気回路	電気回路
起磁力 (1　　　　) [A]	起電力 E [V]
磁束 ϕ [(2　　　　)]	電流 I [A]
磁気抵抗 R_m = (3　　　　) [H^{-1}]	電気抵抗 $R = \frac{1}{\sigma}\cdot\frac{l}{A}$ [Ω]
透磁率 μ [(4　　　　)]	導電率 σ [(5　　　　)]
オームの法則 $\phi = \frac{(6\qquad)}{(7\qquad)}$ [Wb]	オームの法則 $I = \frac{E}{(8\qquad)}$ [A]

4 図2の磁気回路の磁気抵抗が 5×10^5 H^{-1} のときの磁束 ϕ [Wb] を求めよ。

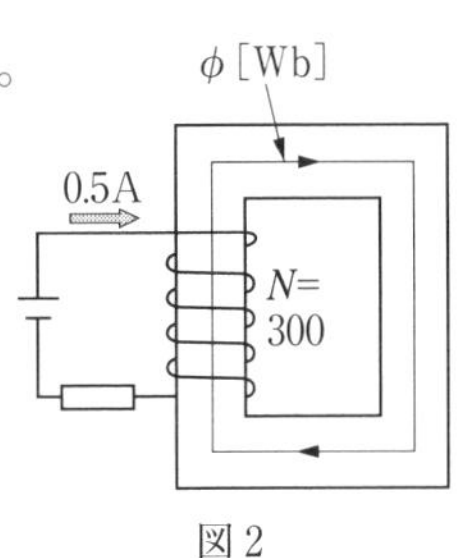

図 2

5 ある磁性体に2000 A/m の磁界を加えたら，磁束密度が5 T であった。次の問いに答えよ。

(1) この磁性体の透磁率 μ [H/m] を求めよ。

(2) この磁性体の比透磁率 μ_r を求めよ。

6 図3の磁気回路の磁気抵抗 R_m [H^{-1}] を求めよ。

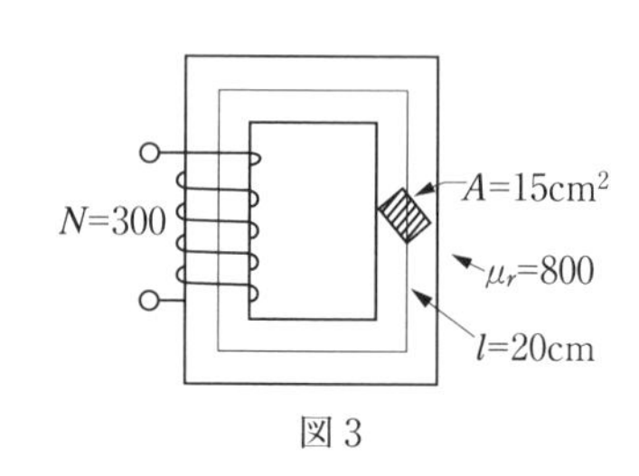

図3

7 図4の磁気回路について，次の問いに答えよ。 

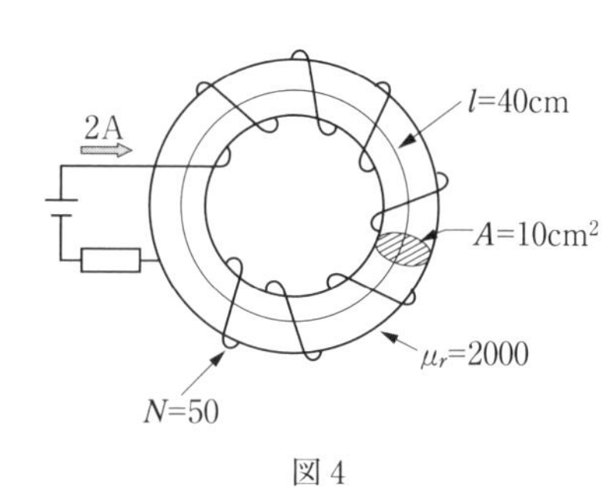

図4

(1) 起磁力 F [A] を求めよ。

(2) 磁気抵抗 R_m [H^{-1}] を求めよ。

(3) 鉄心中の磁束 ϕ [Wb] を求めよ。

(4) 鉄心中の磁束密度 B [T] を求めよ。

(5) 鉄心中の磁界の大きさ H [A/m] を求めよ。

4　鉄の磁化曲線とヒステリシス特性　(p. 98～99)

1　次の文の(　　)に適切な用語を下記の語群から選び記入せよ。

(1)　環状鉄心にコイルを巻き，これに電流を流して，磁界の大きさ H [A/m] を増加させていくと，鉄心中の磁束もしだいに(1　　　　)する。

(2)　しかし，磁界の大きさがある程度の大きさになると，磁束密度は増加しなくなる。この現象を(2　　　　)という。

(3)　このように，磁界の大きさと磁束密度の関係は(3　　　　)しないので，透磁率 $\mu\left(=\dfrac{B}{H}\right)$ は，(4　　　　)値にはならない。

(4)　図5のように，磁界の大きさ H を0から H_m まで増加させると①のように変化する。この曲線を(5　　　　)という。次に磁界の大きさ H を減少させていくと，もとの0に戻らないで②のように変化する。磁界の大きさを0にしても，磁束密度 B は0にならず，B_r だけ残る。この B_r を(6　　　　)という。逆方向に磁界の大きさ H を増加させていくと，磁束密度 B は0になる。このときの磁界の大きさ H_c を(7　　　　)という。さらに磁界の大きさ H を変化させると，変化の向きに応じて磁束密度 B の値が異なる。この現象を(8　　　　)といい，図5のような閉曲線を(9　　　　)または(10　　　　)という。

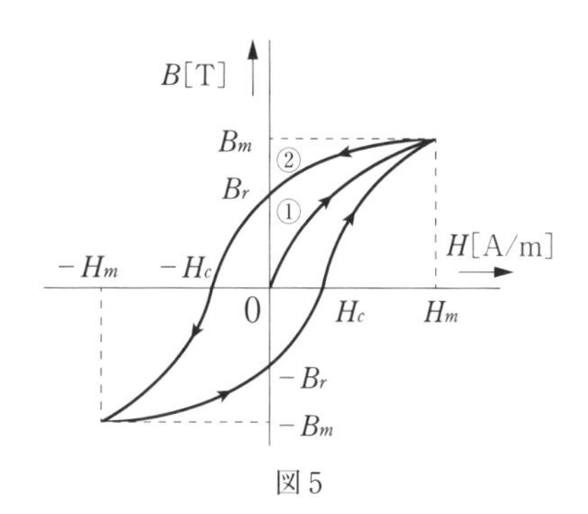

図5

【語群】　一定　　磁気飽和　　ヒステリシス　　増加　　反比例
　　　　比例　　保磁力　　ヒステリシス曲線　　BH 曲線
　　　　残留磁気　　ヒステリシスループ

3　磁界中の電流に働く力（教科書　p. 101～108）

1　電磁力とは（p. 101）　2　電磁力の大きさと向き（p. 102～103）

1　次の文の(　　)に適切な用語を下記の語群から選んで記入せよ。

(1)　磁界中に導体を置き，これに電流を流すと，導体に力が働く。この力を(1　　　　)という。

(2)　磁束密度 B[T] の磁界中に，長さ l[m] の導体を磁界の向きと垂直に置き，これに I[A] の電流を流したとき，導体に生じる電磁力の大きさ F[N] は，F＝(2　　　　)[N] である。この電磁力の方向は，フレミングの(3　　　　)の法則を用いるとよい。

(3)　すなわち，(3　　　　)の親指，人差し指，中指をたがいに垂直になるように開き，人差し指を(4　　　　)の向きに，中指を(5　　　　)の向きに向けると，親指の向きが電磁力の向きとなる。

【語群】　磁界　　電流　　電磁力　　左手　　右手　　BIl

2　磁束密度 0.8 T の磁界中に，長さ 40 cm の導体を磁界に対して次に示した角度に置き，この導体に 10 A の電流を流した。導体に働く電磁力 F[N] を求めよ。　例題

(1)　90°　　(2)　60°　　(3)　45°　　(4)　30°　　(5)　0°

3　磁束密度 1.4 T の磁界中に，長さ 10 cm の導体を磁界に対して次に示した角度に置き，この導体に 12 A の電流を流した。導体に働く電磁力 F[N] を求めよ。

(1)　90°　　(2)　60°　　(3)　45°　　(4)　30°　　(5)　0°

3 磁界中のコイルに働く力（トルク） (p. 104～105)

1 次の文の(　　)に適切な用語，式または記号を下記の語群から選んで記入せよ。ただし，用語，式または記号は何回使用してもよい。

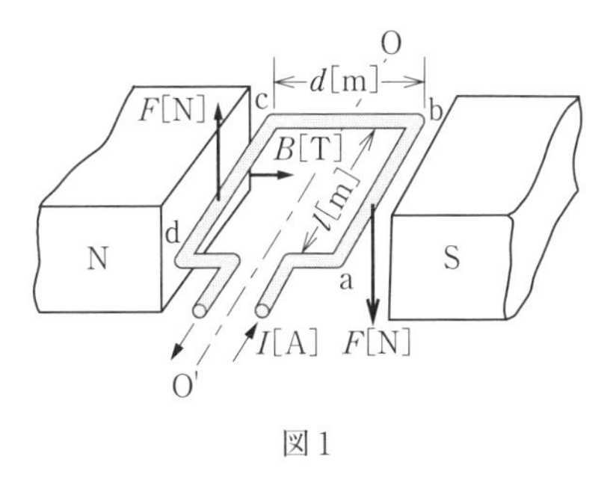

図 1

(1) 図 1 において，コイル辺 a，b と c，d は，磁界の向きに対して垂直であるから(1　　　　)力が生じるが，コイル辺 a，d と b，c は，磁界の向きに対して平行であるから(2　　　　)力は生じない。

(2) コイル辺 a，b と c，d には，それぞれ $F=$(3　　　　) [N] の力がたがいに(4　　　　)向きに働く。

(3) コイルは，OO′ 軸を中心として回転する。このときに生じるトルク T [N·m] は，
$T=Fd=$(5　　　　) [N·m] である。

(4) コイルが回転して，磁界に対して θ の角度になったときのトルク T [N·m] は，
$T=Fd$(6　　　　)$=$(7　　　　) [N·m] である。

(5) コイルの巻数が N のとき，トルクは(8　　　　)倍になる。

【語群】 逆　電磁　BIl　$BIld$　$BIld\cos\theta$　$\cos\theta$　N

2 磁束密度が 0.4 T の磁界中に，面積 8 cm^2，巻数 200 の長方形コイルを置き，このコイルに 5 A の電流を流した。コイルが磁界となす角が次に示す値のときのトルク T [N·m] を求めよ。 例題

(1) 0°　(2) 30°　(3) 45°　(4) 60°　(5) 90°

4 平行な直線状導体間に働く力 (p. 106〜107)

1 次の文の（　　）に適切な用語または式を入れよ。

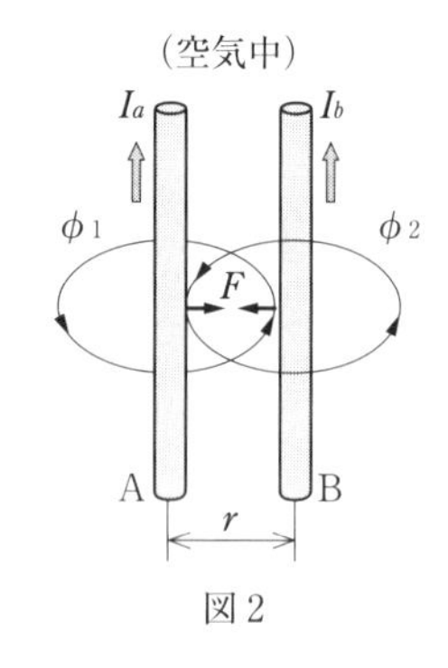

図2

(1) 図2において，導体Aの電流 I_a［A］によって導体Bに生じる磁界の大きさ H_a［A/m］は，H_a = (1　　　　)［A/m］である。

(2) 導体Aの電流 I_a［A］による導体Bの磁束密度 B_a［T］は，空気の透磁率を μ_0［H/m］とすると，

$B_a = \mu_0 H_a = 4\pi \times 10^{-7} \times$ (2　　　　) = (3　　　　) $\times 10^{-7}$［T］

である。

(3) 導体Bの1mあたりに働く電磁力の大きさ f［N/m］は，

$f = BIl = B_a I_b \times 1$ = (4　　　　) $\times 10^{-7}$［N/m］である。

(4) 導体Bの電流 I_b による磁界が，導体Aに働く力も(5　　　　)大きさになる。

2 図3のように，空気中で2本の直線状導体を平行に置いたとき，次の各値を求めよ。

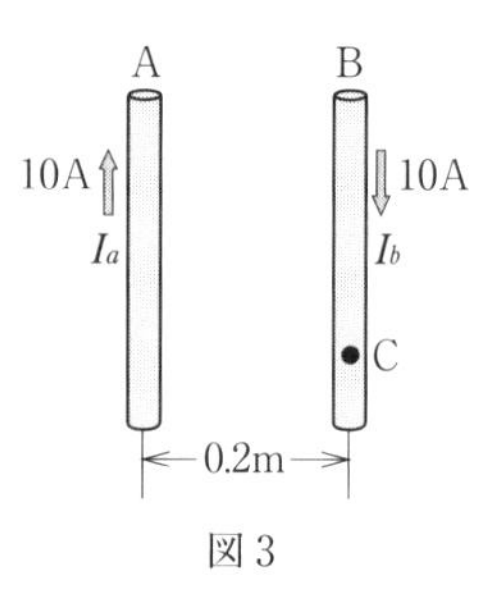

図3

(1) 電流 I_a によって，導体Bの点Cに生じる磁界の大きさ H_a［A/m］

(2) 電流 I_a によって，導体Bの点Cに生じる磁束密度 B_a［T］

(3) 導体1mあたりに働く電磁力 f［N/m］

3 空気中で間隔が10cmになるように置いた2本の平行導体に15Aの電流を流した。導体1mあたりに働く電磁力 f［N/m］を求めよ。

4 電磁誘導 (教科書 p. 109〜119)

1 電磁誘導とは (p. 109) 2 誘導起電力 (p. 110〜111)

1 次の文の ( ) に適切な用語，式を下記の語群から選んで記入せよ。ただし，用語は何回使用してもよい。

(1) 検流計をつないだコイルに磁石を出し入れすると，電流が流れて検流計の針が振れる。この現象を(1)といい，誘導される起電力を(2)，流れる電流を(3)という。

(2) 電磁誘導によって，コイルや導体に生じる起電力の大きさは，コイルや導体と交わる(4)が，単位時間に変化する割合に(5)する。これを，電磁誘導に関する(6)の法則という。

(3) 誘導起電力の向きは，その誘導電流のつくる(7)が，もとの磁束の増減を(8)ような向きに生じる。これを，(9)の法則という。

(4) 巻数 N のコイルと交わる磁束を Δt [s] の間に，$\Delta\phi$ [Wb] 変化させたとき，コイルに生じる誘導起電力 e [V] は，$e=$ (10) [V] で表される。

【語群】 誘導電流　磁束　レンツ　ファラデー　誘導起電力　さまたげる
電磁誘導　比例　反比例　$-N\dfrac{\Delta\phi}{\Delta t}$

2 巻数 100 のコイルを貫く磁束が，0.2 秒間に 5 mWb の割合で変化するとき，コイルに生じる誘導起電力の大きさ e [V] を求めよ。 例題

3 巻数 N のコイルを貫く磁束が，0.5 秒間に 0.06 Wb 変化したところ，誘導された起電力の大きさが 3 V であった。コイルの巻数 N を求めよ。

3 誘導起電力の例 (p. 112～113)

1 次の文の（　　）に適切な用語または式を下記の語群から選んで記入せよ。

(1) 磁束密度 B [T] の磁界中で，長さ l [m] の導体を磁束と垂直に，一定の速さ v [m/s] で動かしたとき，誘導される起電力 e [V] は，e ＝ (1　　　　) [V]であり，起電力の向きは，図1のようになる。

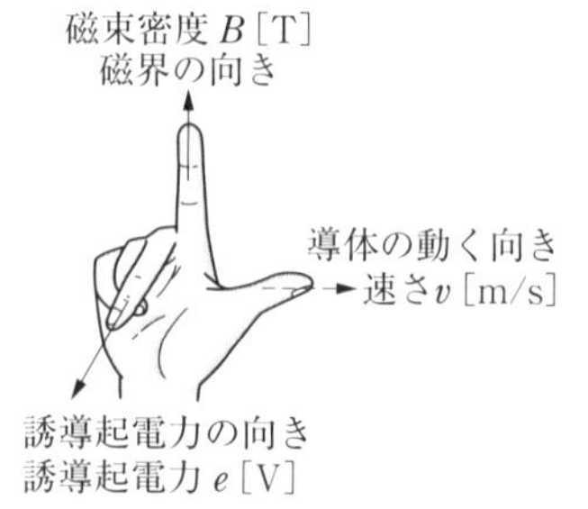

図1　フレミングの右手の法則

(2) 図2のように磁石を固定して，金属円板を回転させると，磁極の近くで二つの(2　　　　)電流ができて，磁石による磁界との間に(3　　　　)力が働く。

(3) この力は円板の回転する向きと(4　　　　)向きに生じるので，円板の回転を止めるブレーキの働きをする。

【語群】 渦　　逆　　電磁　　$-Blv$

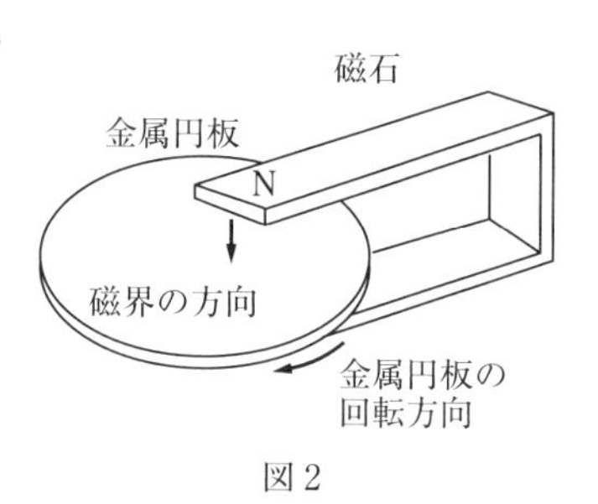

図2

2 磁束密度5 T の磁界中に，長さ 40 cm の導体が磁界と直角に置かれている。導体が磁界と次に示す角度の方向に，10 m/s の速さで動いたとき，導体に誘導される起電力の大きさ e [V] を求めよ。 例題

(1) 90°　　(2) 60°　　(3) 45°　　(4) 30°　　(5) 0°

4 自己誘導 (p. 114〜115) 5 相互誘導 (p. 116〜117)

1 次の文の（　　）に適切な用語，式，数値または記号を入れよ。

(1) 図 3 において，巻数 N のコイルに流れる電流が Δt [s] の間に ΔI [A] 変化し，磁束が $\Delta\phi$ [Wb] 変化した。そのとき，自己誘導によって生じる起電力 e [V] は，次の式で表される。

$$e = -N\frac{(1\qquad)}{(2\qquad)} = -L\frac{(3\qquad)}{(4\qquad)}\ [\mathrm{V}] \cdots\cdots(\mathrm{i})$$

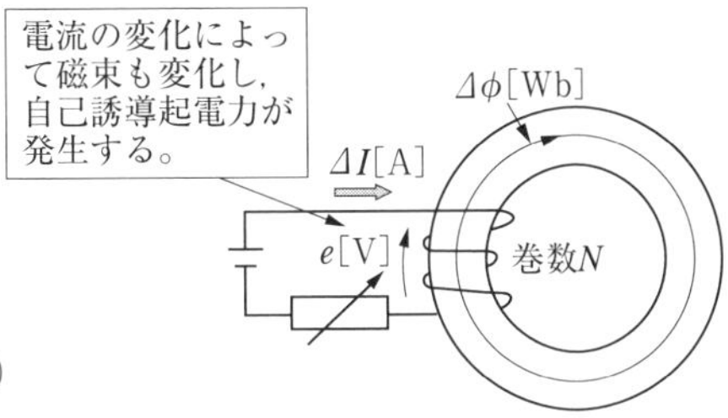

図 3

ただし，比例定数 L はコイルの自己誘導作用の大きさを示すもので，コイルの自己インダクタンスという。

(2) 式(i)から，電流と磁束が比例する範囲では，(5　　　　)＝(6　　　　)となる。したがって，自己インダクタンス L [H] は，次の式で表される。

$$L = \frac{(7\qquad)}{(8\qquad)}\ [\mathrm{H}]$$

(3) 図 4 において，一次コイル P の電流が Δt [s] の間に ΔI_1 [A]変化し，二次コイル S と交わる磁束が $\Delta\phi$ [Wb] だけ変化したとする。このとき，二次コイル S に誘導される起電力 e_2 [V] は，次の式で表される。

$$e_2 = -N_2\frac{(9\qquad)}{(10\qquad)}\ [\mathrm{V}] \cdots\cdots(\mathrm{ii})$$

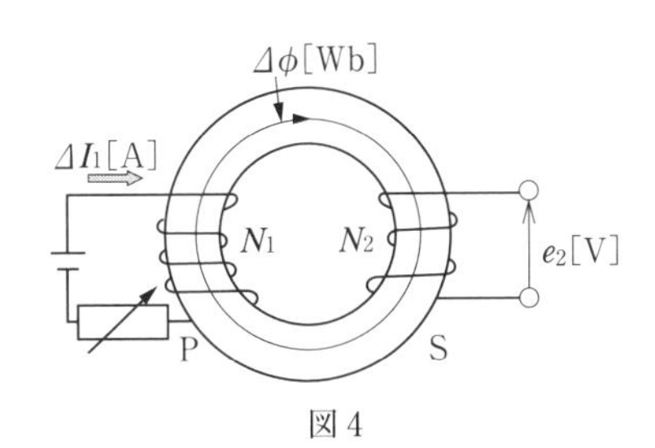

図 4

(4) $\Delta\phi$ [Wb] は，ΔI_1 [A]に比例するから，比例定数を M とすると，次の式がなりたつ。

$$e_2 = -M\frac{(11\qquad)}{(12\qquad)}\ [\mathrm{V}] \cdots\cdots(\mathrm{iii})$$

(5) 式(ii)，(iii)から電流と磁束が比例する範囲では，(13　　　　)＝(14　　　　)となる。　……(iv)

(6) 式(iv)を変形すると，次のようになる。

$$M = \frac{(15\qquad)}{(16\qquad)}\ [\mathrm{H}] \cdots\cdots(\mathrm{v})$$

比例定数 M は相互インダクタンスといい，単位は [H] が用いられる。

(7) 相互インダクタンス M は，一次コイルに流れる電流を変化させたとき，(17　　　　)にどの程度の(18　　　　)が発生するかを示す値である。

(8) 式(v)から，一次コイルに 1 A の電流が流れているとき，(19　　　　)に交差する磁束数(20　　　　)が 1 Wb であるときの相互インダクタンスは(21　　　　)となる。

2　あるコイルに流れる電流を2秒間に0.5 A変化させると，次に示した大きさの誘導起電力が生じた。コイルの自己インダクタンスL [H] を求めよ。　例題

(1)　0.5 V　　(2)　2 V　　(3)　3.5 V

3　次に示す巻数のコイルに2 Aの電流を流すと0.5 Wbの磁束が生じた。このコイルの自己インダクタンスL [H] を求めよ。

(1)　10回　　(2)　50回　　(3)　150回

4　図5において，一次コイルPに0.1秒間に0.5 Aの電流を流したとき，一次コイルPには2 V，二次コイルには3 Vの誘導起電力が生じた。次の問いに答えよ。ただし，一次コイルで生じた磁束は，すべて二次コイルを貫くものとする。

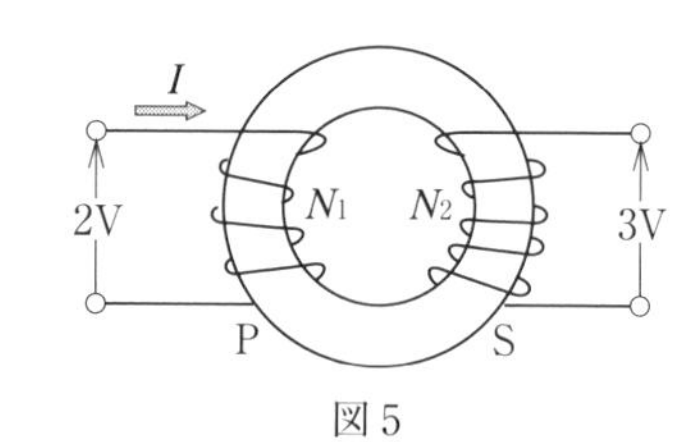

図5

(1)　一次コイルの自己インダクタンスL_1 [H] を求めよ。

(2)　相互インダクタンスM [H] を求めよ。 

5　二つのコイルがあり，そのコイル間の相互インダクタンスMが20 mHであるという。一方のコイルの電流を0.2秒間に10 A変化したとき，他方のコイルに誘導される起電力の大きさe_2 [V] を求めよ。

6 電磁エネルギー (p. 118)

1 次の文の（　　）に適切な用語，式を入れよ。

(1) コイルにたくわえられているエネルギーを(1　　　　)という。

(2) コイルにたくわえられるエネルギー W[J] は，$W=$(2　　　　) [J] で表される。

2 自己インダクタンスが2Hのコイルに3Aの電流が流れているとき，コイルにたくわえられる電磁エネルギーを求めよ。 例題

3 コイルに0.5Aの電流を流したとき，コイルにたくわえられた電磁エネルギーは0.25Jであった。コイルの自己インダクタンスを求めよ。

4 図6の磁気回路において，一次コイルPに0.3Aの電流を流したとき，0.09Wbの磁束が生じた。次の問いに答えよ。ただし，一次コイルで生じた磁束は，すべて二次コイルを貫くものとする。

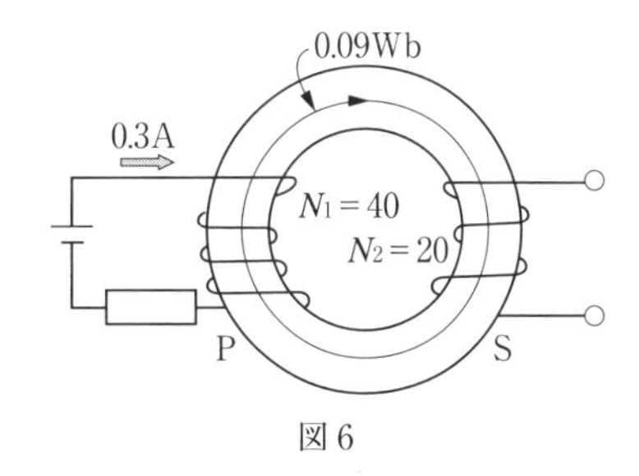

図6

(1) 一次コイルの自己インダクタンス L_1[H] を求めよ。

(2) 一次コイルにたくわえられる電磁エネルギーを求めよ。

(3) 相互インダクタンス M[H] を求めよ。

5 直流電動機と直流発電機 （教科書 p. 120～121）

1 直流電動機 （p. 120）

1 次の文の（ ）に適切な用語を下記の語群から選んで記入せよ。ただし，用語は何回使用してもよい。

(1) 磁界中に置かれたコイルに電流を流すと，(1)により，コイルの磁界に垂直な辺に(2)が働き，(3)が生じてコイルが回転する。これが(4)の原理である。

(2) 直流電動機は，(5)のエネルギーを(6)のエネルギーに変えるものである。

(3) 図7で，アは(7)，イは(8)を表している。

これらの働きは，コイルが回転しても，つねに(9)向きに電流を流し，(10)がつねに(11)向きになるようにすることである。

【語群】 反対　同じ　運動　電気　フレミングの左手の法則　整流子　直流電動機　トルク　ブラシ　電磁力

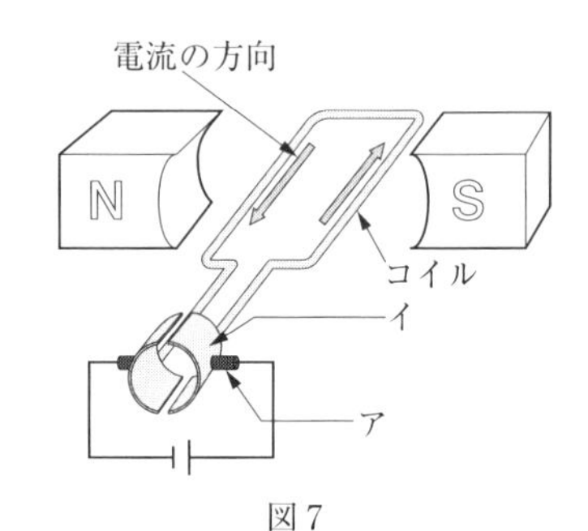

図7

2 直流発電機 （p. 121）

1 次の文の（ ）に適切な用語を下記の語群から選んで記入せよ。ただし，用語は何回使用してもよい。

(1) 磁界中に置かれたコイルに抵抗を接続し，コイルを回転させると，(1)によって，コイルに(2)による向きに(3)が発生する。これが，(4)の原理である。

(2) 直流発電機は，(5)のエネルギーを(6)のエネルギーに変えるものである。

(3) 直流電動機と，直流発電機の(7)は同じなので，直流電動機を(8)として，直流発電機を(9)として使用することができる。

【語群】 誘導起電力　運動　電気　フレミングの右手の法則　直流電動機　構造　直流発電機　電磁誘導

章 末 問 題 1

1 磁束密度 0.8 T の磁界中に，長さ 30 cm の導体を磁界の向きに対して，次に示した角度に置き，この導体に 5 A の電流を流した。導体に働く電磁力 F[N] を求めよ。

(1) 90°

(2) 60°

(3) 45°

(4) 30°

(5) 0°

2 磁束密度 2.5 T の磁界中に，長さ 50 cm の導体が磁界と直角に置かれている。導体が磁界と次に示す角度の方向に，5 m/s の速さで動いたとき，導体に誘導される起電力の大きさ e[V] を求めよ。

(1) 90°

(2) 60°

(3) 45°

(4) 30°

(5) 0°

3 真空中で 5.23×10^{-6} Wb の点磁極から 30 cm 離れた点の磁界の大きさ H [A/m] と磁束密度 B [T] を求めよ。

4 図1において，一次コイル P に 0.5 秒間に 0.2 A 変化する電流を流したとき，一次コイルには 3 V の誘導起電力が生じた。次の問いに答えよ。

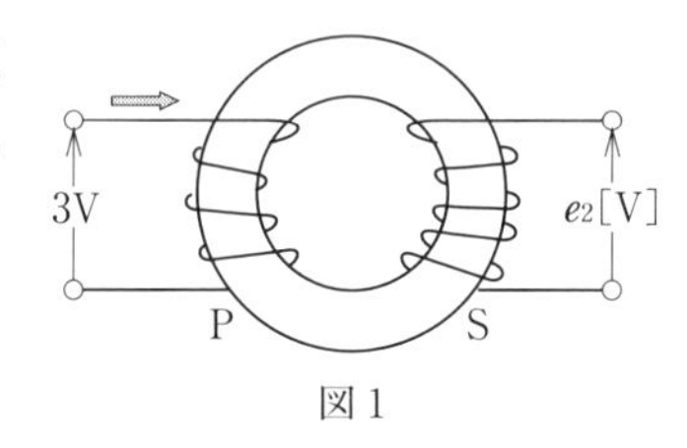

図1

(1) 一次コイルの自己インダクタンス L [H] を求めよ。

(2) 相互インダクタンス M を 1.2 H としたとき，2 次コイル S に生じる誘導起電力 e_2 [V] を求めよ。

章末問題2

〈注意〉解答は，問題の下のわく囲みの中から選び，その記号を解答欄に記入せよ。
なお，解答は，正しいもの，またはそれに近いものを選ぶこと。

1 真空中に，2.38×10^{-6} Wb と 8.76×10^{-6} Wb の点磁極を 10 cm 離して置いたとき，両磁極間に働く力 F[N] を求めよ。

2 半径 20 cm，巻数 1 回の円形コイルに 10 A の電流を流した。コイルの中心に生じる磁界の大きさ H[A/m] を求めよ。

3 図 1 のように，磁束密度 1.2 T の磁界中に長さ 60 cm の直線導体を磁界と垂直に置き，20 m/s の速さで磁界に対して 60° の方向に動かしたとき，

① 導体に発生する誘導起電力の向きは ＿＿＿＿＿＿ の方向である。

② 導体に生じる誘導起電力の大きさ e[V] を求めよ。

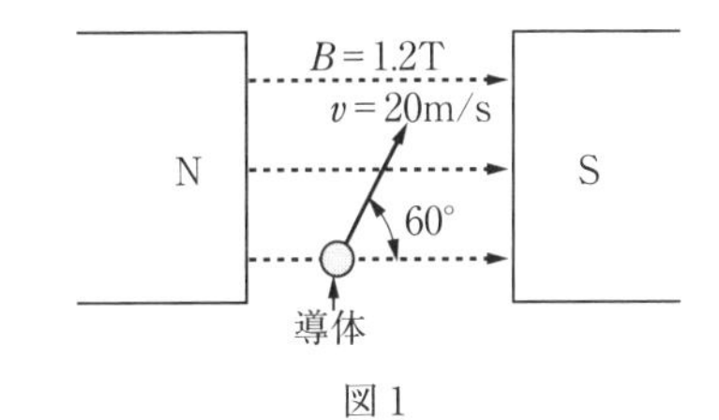

図 1

ア．1.32	イ．1.32×10^{-4}	ウ．1.32×10^{-6}	エ．1.32×10^{-8}
オ．2.5	カ．5	キ．25	ク．50
ケ．1.25	コ．7.2	サ．12.5	シ．72

ス．フレミングの右手の法則より⊗　セ．フレミングの右手の法則より⊙
ソ．フレミングの左手の法則より⊗　タ．フレミングの左手の法則より⊙

1		
2		
3	①	
	②	

第5章 交流回路

1 正弦波交流 (教科書 p. 128～136)

1 正弦波交流の発生と瞬時値 (p. 128～129)

2 正弦波交流を表す要素 (p. 130～131)

1 次の文の(　　)に適切な用語または式を下記の語群から選び記入せよ。ただし，用語または式は何回使用してもよい。

(1) 磁極 N，S 間にコイルを置き，1 秒間に角度 ω の割合で回転させたとき発生する起電力を(1　　　　　　)起電力，または，単に(2　　　　)起電力という。また，このとき ω を(3　　　　)という。

(2) 図 1 のような波形を(4　　　　)波という。図 1 のような波形を式で表すと，次のようになる。

$e=$ (5　　　　　　) [V]

この式で，E_m は最も大きな値であり，(6　　　　)という。また，t は(7　　　　)を表し，e の式に t の値を代入して求めた値を(8　　　　)という。

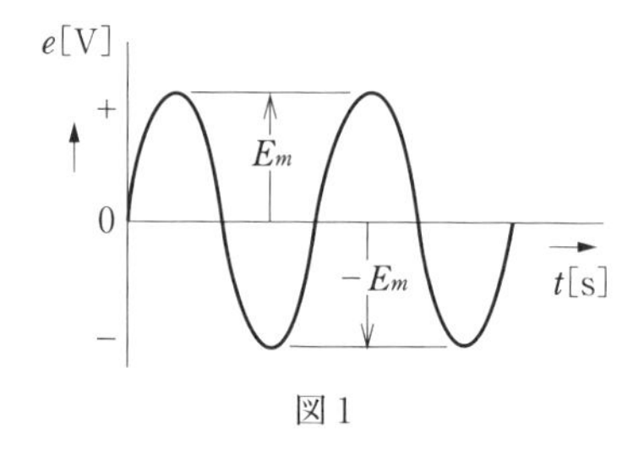

図 1

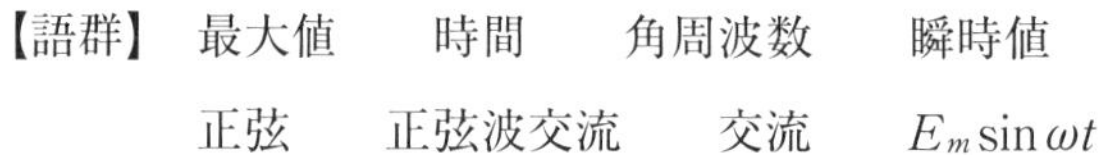
【語群】 最大値　時間　角周波数　瞬時値
正弦　正弦波交流　交流　$E_m \sin \omega t$

2 次の文の(　　)に適切な用語，式または記号を下記の語群から選び記入せよ。

(1) 図 2 のような交流波形があるとき，波形の山から山(①～②)に要する時間を 1(1　　　　)という。また，この間の波形の変化を(2　　　　)という。

(2) 1 秒間に繰り返すサイクル数を(3　　　　)といい，その単位は(4　　　　)である。

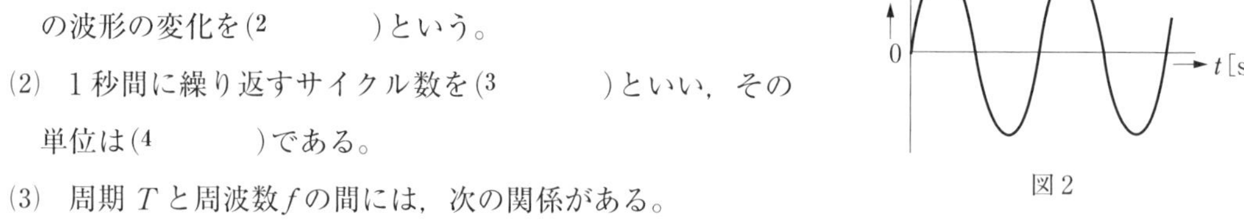

図 2

(3) 周期 T と周波数 f の間には，次の関係がある。

$T=$ (5　　　　) [s]　　$f=$ (6　　　　) [Hz]

【語群】 周期　周波数　1 サイクル　Hz　$\dfrac{1}{f}$　$\dfrac{1}{T}$

3 周波数が 100 Hz の交流電圧 v [V] の周期 T [s] と，周期が 5 ms の交流電流 i [A] の周波数 f [Hz] を求めよ。 例題

4 角度を表す度［°］と［rad］の関係について，（　　）に適切な数字と π を組み合わせたもの，または数字を入れよ。

(1)　$90° =$（　　　　）rad　　(2)　$30° =$（　　　　）rad

(3)　π rad =（　　　　）［°］　　(4)　$\dfrac{\pi}{6}$ rad =（　　　　）［°］

➔ $\alpha°$ の角度を弧度法 β［rad］で表すと，

$$\beta = \alpha \frac{\pi}{180} \text{ [rad]}$$

となる。 例題

3 正弦波交流を表す角周波数と位相　(p. 132〜133)

1 次の文の（　　）に適切な用語または記号を下記の語群から選び記入せよ。

(1)　周波数が f［Hz］の交流電圧を表す式には，$2\pi f$ が含まれている。この $2\pi f$ を（1　　　）または（2　　　）といい，ω で表す。単位は（3　　　）である。

(2)　図3に示すように，最大値 V_m［V］，周波数 f［Hz］の交流電圧 v_1，v_2［V］は，次の式で表すことができる。

$v_1 = V_m \sin 2\pi f t$［V］　$v_2 = V_m \sin(2\pi f t - \beta)$［V］

このとき，$2\pi f t$ や $2\pi f t - \beta$ を（4　　　）あるいは（5　　　）といい，$-\beta$ を（6　　　）または（7　　　　）という。

また，二つの交流起電力の初位相の差を（8　　　）という。二つの交流起電力の間に位相のずれがないときは，（9　　　）であるという。

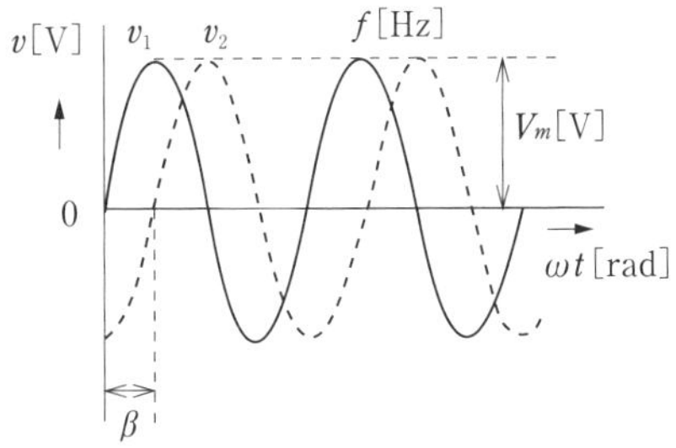

図3

【語群】　位相　　位相角　　位相差　　角速度　　角周波数
　　　　初位相　　初位相角　　同相　　rad/s

2 次の二つの式で，e_2 に対する e_1 の位相差を求め，e_1 に対して e_2 が進んでいるか，遅れているか答えよ。

$$e_1 = 10\sin\left(\omega t + \frac{2}{3}\pi\right) \text{ [V]} \qquad e_2 = 5\sin\left(\omega t - \frac{5}{6}\pi\right) \text{ [V]}$$

3 図4の波形 e，i の瞬時値を式で表せ。

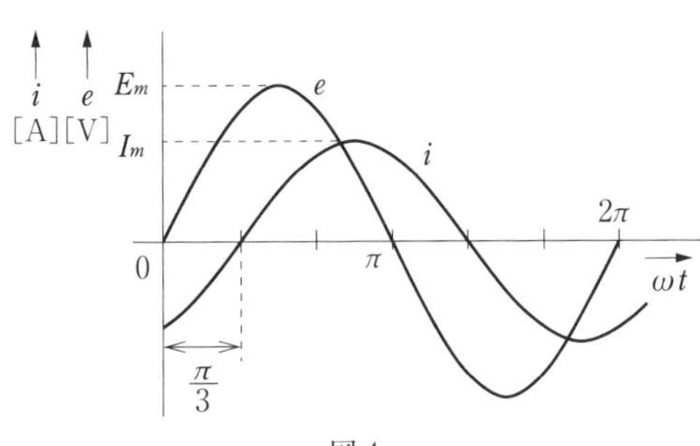

図4

4 正弦波交流の実効値と平均値 (p. 134〜135)

1 次の文の（　　）に適切な用語，記号または式を下記の語群から選び記入せよ。

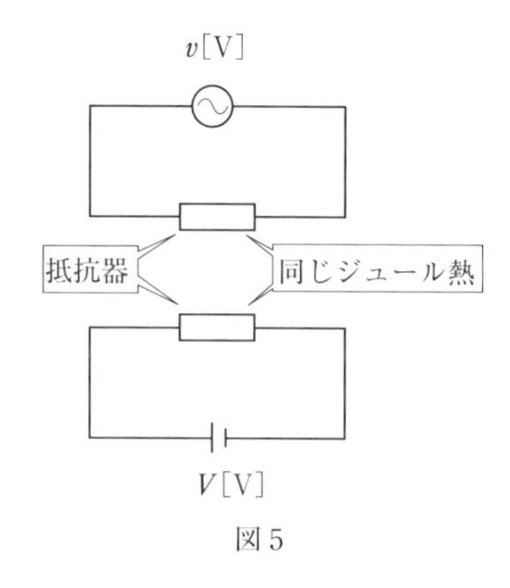

図5

(1) 図5のように，抵抗器に交流電圧または直流電圧を加えると，ジュール熱が発生する。この二つの抵抗器を比較し，交流電圧 v[V]を加えたときに発生する(1　　　　)が，直流電圧 V[V]を加えたときと同じとき，この V[V]を交流電圧 v[V]の(2　　　　)という。

(2) 交流電圧の実効値 V[V]と交流の実効値 I[A]は，最大値をそれぞれ V_m[V]，I_m[A]とすれば，次式で表される。

$$V=\frac{(3\qquad)}{\sqrt{2}}=(4\qquad\qquad)\ [\mathrm{V}]$$

$$I=\frac{(5\qquad)}{\sqrt{2}}=(6\qquad\qquad)\ [\mathrm{A}]$$

【語群】　実効値　　瞬時値　　熱量　　平均値

I_m　　V_m　　$0.707I_m$　　$0.707V_m$

2 最大値が141 V の交流電圧の実効値 V[V]を求めよ。 

3 実効値が2 A の交流が流れているとき，この交流の最大値 I_m[A]を求めよ。

4 次の文の（　　）に適切な用語，記号または式を下記の語群から選び記入せよ。

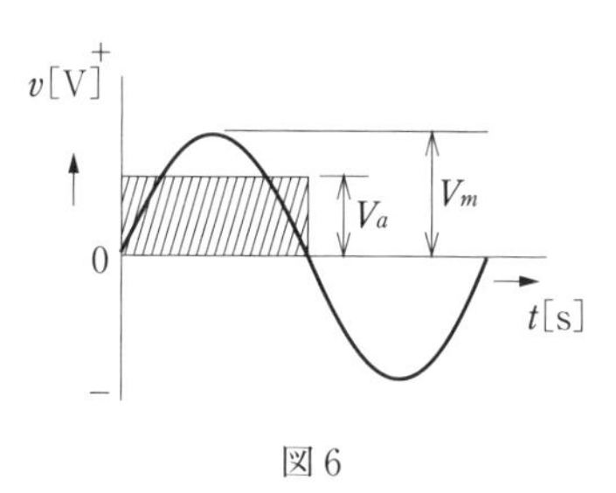

図6

(1) 図6のように，交流の電圧や電流の波形について，正の部分の平均的な値を(1　　　　)という。

(2) 交流電圧の平均値 V_a[V]と電流の平均値 I_a[A]は，最大値をそれぞれ V_m[V]，I_m[A]とすれば，次式で表される。

$$V_a=\frac{2}{\pi}(2\qquad)=(3\qquad\qquad)\ [\mathrm{V}]$$

$$I_a=\frac{2}{\pi}(4\qquad)=(5\qquad\qquad)\ [\mathrm{A}]$$

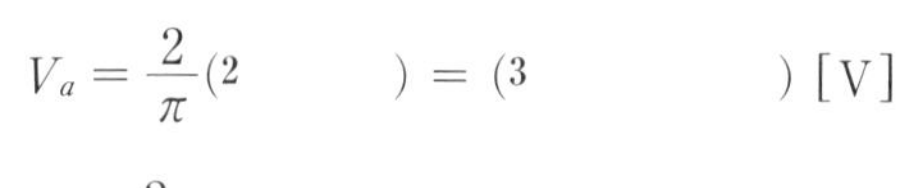
【語群】　平均値　　I_m　　V_m　　$0.637I_m$　　$0.637V_m$

5　最大値が 157 V の交流電圧の平均値 V_a [V] を求めよ。

6　平均値が 5 A の交流の最大値 I_m [A] と実効値 I [A] を求めよ。

7　実効値が 100 V，周波数が 50 Hz および 60 Hz の正弦波交流電圧の瞬時値 v [V] を式で表せ。

➔ $\omega = 2\pi f$ の π はそのまま残して表せ。

周波数 50 Hz の場合　$v_1 =$

周波数 60 Hz の場合　$v_2 =$

8　図 7 に示す正弦波交流電圧について，次の問いに答えよ。

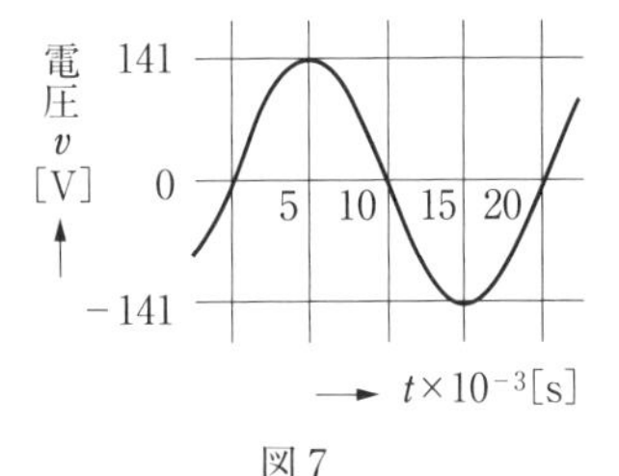

図 7

(1)　この電圧 v [V] の周期 T [s]，周波数 f [Hz] を求めよ。

$T =$ (　　　　　)　　$f =$ (　　　　　)

(2)　角周波数 ω [rad/s] を求めよ。

$\omega =$ (　　　　　)

(3)　最大値 V_m [V]，実効値 V [V]，平均値 V_a [V] を求めよ。

$V_m =$ (　　　　　)

$V =$ (　　　　　)

$V_a =$ (　　　　　)

(4)　瞬時値 v [V] の式を求めよ。　例題

$v =$ (　　　　　　　　　　)

(5)　$t = 2$ ms，4 ms における瞬時値 v [V] を求めよ。

➔ 関数電卓等を用いて計算せよ。

$t = 2$ ms の場合

$v =$ (　　　　　　)

$t = 4$ ms の場合

$v =$ (　　　　　　)

2　複素数（教科書　p. 137～141）

1　複素数とは（p. 137）

1　次の文の（　　）に適切な用語，または記号を下記の語群から選び記入せよ。

(1)　-1 の平方根の1つを $\sqrt{-1}$ と書き，これを（1　　　　）といい，記号（2　　　　）で表す。

(2)　実数 a，b および虚数単位 j で表される数 $a+jb$ を一つの文字で表すとき，$\dot{A}^{*}=a+jb$ のようにドットをつけて表す。この場合，$a+jb$ を（3　　　　）といい，a を $\dot{A}$ の（4　　　　），b を $\dot{A}$ の（5　　　　）という。

＊ドットエーと読みます。

(3)　$a+jb$ に対して，$a-jb$ は虚部の符号だけが異なっている。この場合，$a-jb$ を $\dot{A}=a+jb$ の（6　　　　）といい，（7　　　　）で表す。

【語群】　共役複素数　　虚数単位　　虚部　　実部
　　　　複素数　　j　　$\bar{\dot{A}}$

2　複素数の四則演算について，（　　）に適切な式を入れよ。 

(1)　$(a+jb)+(c+jd)=(a+c)+j$（1　　　　）

(2)　$(a+jb)-(c+jd)=(a-c)+j$（2　　　　）

(3)　$(a+jb)(c+jd)=ac+jad+jbc+j^{2}$（3　　　　）

$=$（4　　　　）$+j$（5　　　　）

(4)　$\dfrac{a+jb}{c+jd}=\dfrac{(a+jb)(6\quad\quad)}{(c+jd)(7\quad\quad)}=\dfrac{(8\quad\quad)}{c^{2}+d^{2}}+j\dfrac{(9\quad\quad)}{c^{2}+d^{2}}$

3　次の計算をせよ。

(1)　$j\times j$　　　(2)　$j\times(-j)$

(3)　$\dfrac{1}{j}$　　　(4)　$\dfrac{1}{-j}$

(5)　$\dfrac{100}{50-j50}$

(6)　$\dfrac{50+j50}{30+j40}$

2 複素数とベクトル　(p. 138〜139)

1　次の文の（　　）に適切な用語を下記の語群から選び記入せよ。

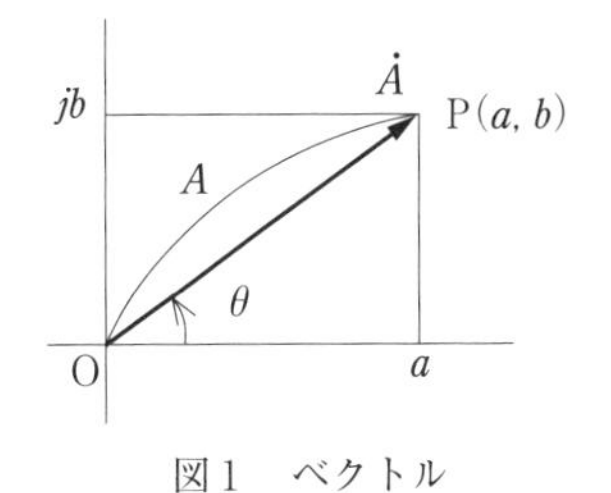

図1　ベクトル

(1)　複素数 $\dot{A} = a + jb$ に対して，図1のように，座標 P$(a,\ b)$ を定めることができる。このように，複素数に対応させて表した平面を（1　　　　）といい，この平面の横軸を（2　　　　），縦軸を（3　　　　）という。

(2)　図1において，原点Oから点Pに向う線分 $\overline{\mathrm{OP}}$ を（4　　　　）という。

(3)　図1において，原点Oから点Pまでの長さを，ベクトル $\dot{A}$ の（5　　　　）といい，A で表す。また，横軸とベクトル $\dot{A}$ のなす角度 θ を（6　　　　）という。

【語群】　大きさ　　虚軸　　実軸　　複素平面　　ベクトル　　偏角

2　複素数 $\dot{A} = a + jb$ に対して，ベクトル $\dot{A}$ を考えるとき，ベクトルの大きさ A および偏角 θ を，a と b を用いて表せ。

$A =$　　　　　　　　$\theta =$

3　次の複素数を図2の中にベクトルとして示せ。

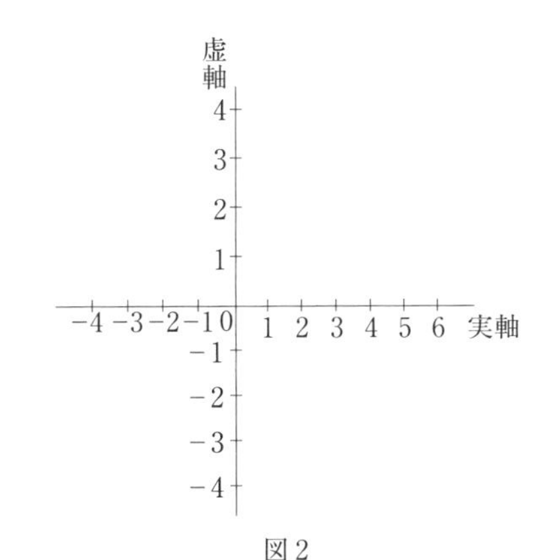

図2

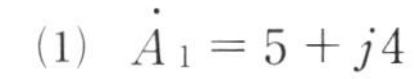

(1)　$\dot{A}_1 = 5 + j4$

(2)　$\dot{A}_2 = -2 + j2$

(3)　$\dot{A}_3 = 3 - j4$

(4)　$\dot{A}_4 = -4 - j3$

(5)　$\dot{A}_5 = j3$

4　次の複素数を極座標表示（$A\angle\theta$）で表せ。

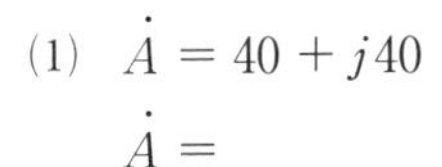

(1)　$\dot{A} = 40 + j40$

$\dot{A} =$

(2)　$\dot{B} = 1 + j\sqrt{3}$

$\dot{B} =$

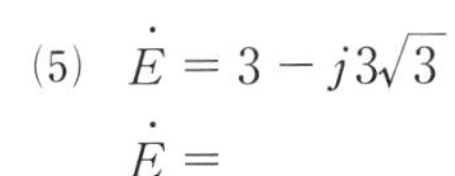

(3)　$\dot{C} = j$

$\dot{C} =$

(4)　$\dot{D} = \sqrt{3} + j1$

$\dot{D} =$

(5)　$\dot{E} = 3 - j3\sqrt{3}$

$\dot{E} =$

3 複素数の四則演算とベクトル (p. 140〜141)

1 次の文の（　　）に適切な用語あるいは式を下記の語群から選び記入せよ。

(1) 複素数 $\dot{A}=a+jb$ と $\dot{B}=c+jd$ があるとき，$\dot{A}$ と $\dot{B}$ の和 $\dot{C}$ の大きさ C は（1　　　　　），偏角 θ は（2　　　　　）で表される。

(2) 複素数 $\dot{A}=a+jb$ と $\dot{B}=c+jd$ があるとき，$\dot{A}$ と $\dot{B}$ の差 $\dot{D}$ の大きさ D は（3　　　　　），偏角 θ は（4　　　　　）で表される。

(3) ベクトル $\dot{A}=A\angle\alpha$ と $\dot{B}=B\angle\beta$ があるとき，積のベクトル $\dot{C}$ の大きさは，各ベクトルの大きさの（5　　　）に等しく，偏角 θ は，各ベクトルの偏角の（6　　　）に等しい。

(4) ベクトル $\dot{A}=A\angle\alpha$ と $\dot{B}=B\angle\beta$ があるとき，商のベクトル $\dot{D}$ の大きさは，各ベクトルの大きさの（7　　　）に等しく，偏角 θ は，各ベクトルの偏角の（8　　　）に等しい。

【語群】　差　　商　　積　　和　　$\sqrt{(a+c)^2+(b+d)^2}$　　$\sqrt{(a-c)^2+(b-d)^2}$

$\tan^{-1}\dfrac{b+d}{a+c}$　　$\tan^{-1}\dfrac{b-d}{a-c}$

2 次のベクトルを極座標表示（$A\angle\theta$）で求め，図3にベクトルを図示せよ。

(1) $\dot{A}=(2\angle 90^\circ)(3\angle -45^\circ)$

(2) $\dot{B}=\dfrac{20\angle 60^\circ}{5\angle 30^\circ}$

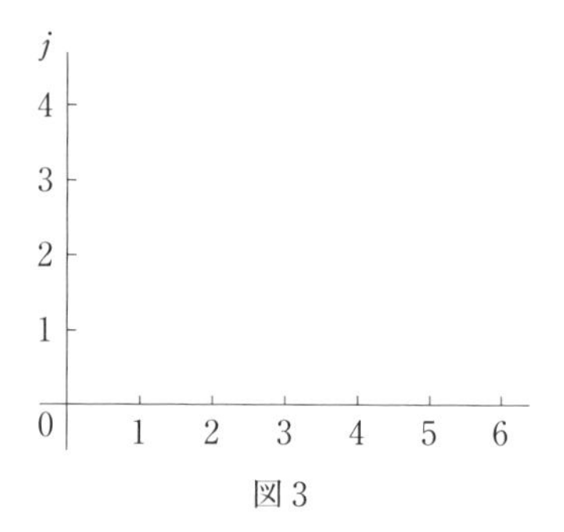

図3

3 次の文の（　　）に適切な用語あるいは式を入れよ。

(1) ベクトル $\dot{A}=a+ja$ がある。いま，a に j をかけた ja を考えると，これは大きさ a をもった実軸上のベクトルを正の向き（逆時計回り）に（1　　　　）[rad] 回転して，虚軸上に移したことになる。

(2) また，a を j で割った $\dfrac{a}{j}=-ja$ は実軸上のベクトルを（2　　　　）[rad] だけ（3　　　　）の向きに回転して虚軸上に移したものと考えられる。

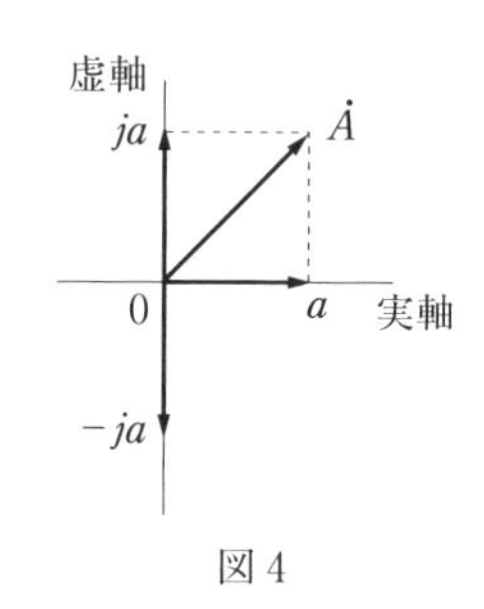

図4

4 次の複素数を直交座標表示（$a\pm jb$）で求めよ。

(1) $10\angle 45^\circ$

(2) $5\angle 60^\circ$

3 記号法による交流回路の計算 （教科書 p. 142～160）

1 記号法による正弦波交流の表し方 （p. 142～143）

1 次の文の（ ）に適切な記号または式を入れよ。

(1) 交流電圧の実効値を V [V]，初位相角を α [rad] とするとき，これをベクトルで表すと $\dot{V}$ =（1 ）[V] となる。

(2) $\dot{V} = V\angle\alpha$ を直交座標表示（$a \pm jb$）で表すと，次式となる。

$\dot{V}$ =（2 ）[V]

2 次の交流電圧を極座標表示（$A\angle\theta$）で表せ。ただし，実効値を用いること。

➡ 角度は 20° のように度で表せ。

(1) $v = 12\sqrt{2}\sin\left(\omega t + \dfrac{\pi}{2}\right)$ [V]

(2) $v = 141\sin\omega t$ [V]

(3) $v = 3\sqrt{2}\sin\left(\omega t - \dfrac{\pi}{6}\right)$ [V]

2 抵抗 R だけの回路の計算 （p. 144～145）

1 次の文の（ ）に適切な用語，式あるいは記号を入れよ。

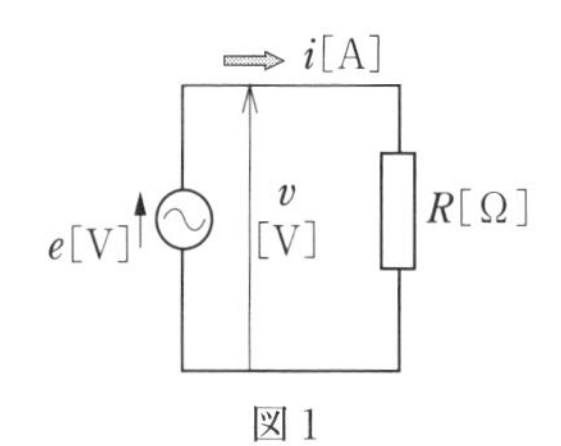

図 1

(1) 図 1 のように，抵抗 R だけの回路に，$e = \sqrt{2}\,V\sin\omega t$ [V] の電圧を加えたとき，抵抗に流れる電流 i [A] は，次の式で表される。

$$i = \frac{e}{(1\qquad)} = \frac{(2\qquad)}{R}\sin\omega t\ [\mathrm{A}]$$

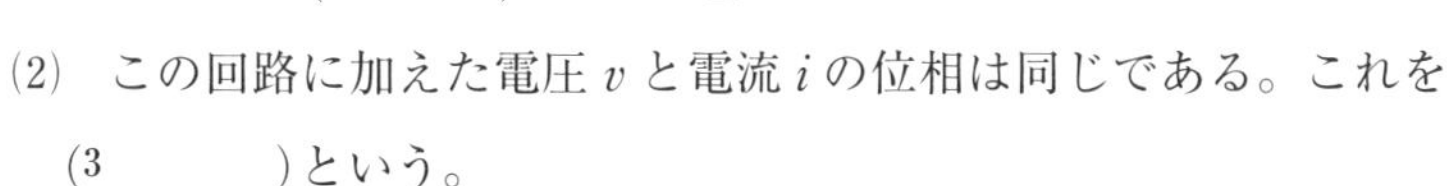

(2) この回路に加えた電圧 v と電流 i の位相は同じである。これを（3 ）という。

2 図 2 の回路において，次の問いに答えよ。 

(1) 電流の実効値 I [mA] を求めよ。

(2) $\dot{V}$ と $\dot{I}$ の関係を図 3 にベクトル図で示せ。

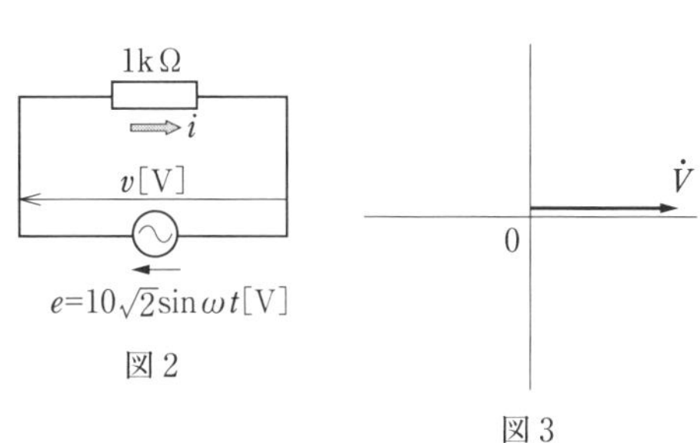

図 2

図 3

3 インダクタンス L だけの回路の計算 (p. 146〜147)

1 次の文の（ ）に適切な用語または式を下記の語群から選んで記入せよ。

(1) 図4の回路に，角周波数 ω [rad/s] の正弦波交流電圧 e [V] を加えると，インダクタンスは(1) [Ω] の働きをして，電流をさまたげるとともに，電流の位相を電圧より (2) [rad] だけ(3)せる働きをする。

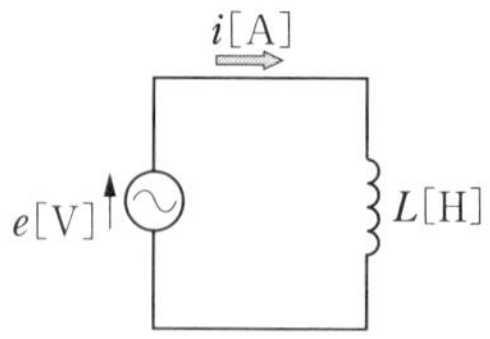

i[A]
e[V]
L[H]
図4

(2) 電流の流れをさまたげる働きをする ωL [Ω] を(4) といい，量記号 X_L で表す。X_L は周波数 f[Hz] を用いて次の式のように表すことができる。

$X_L =$ (5) [Ω]

【語群】 遅ら　進ま　誘導性リアクタンス
容量性リアクタンス　ωL　$2\pi fL$　$\dfrac{\pi}{2}$

2 インダクタンス L と周波数 f が次のように与えられたとき，誘導性リアクタンス X_L [Ω] を求めよ。

(1) $L = 0.05$ H, $f = 1000$ Hz

(2) $L = 15$ mH, $f = 20$ kHz

3 図5において，次の問いに答えよ。 

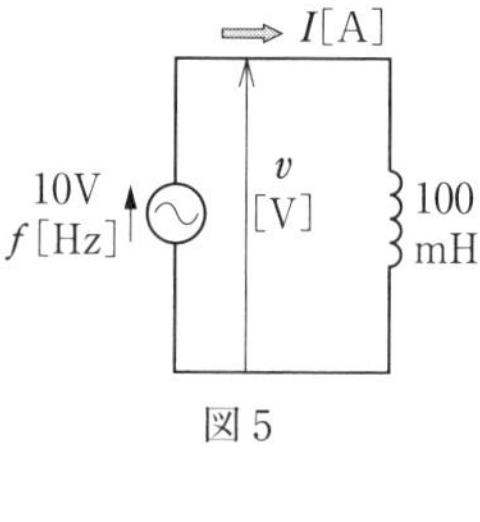

図5

(1) 周波数 f が 60 Hz のとき，誘導性リアクタンス X_L [Ω] を求めよ。

(2) 電流の実効値 I [A] を求めよ。

(3) 周波数 f が2倍になると，電流は何倍になるか。

(4) $\dot{V}$ と $\dot{I}$ の関係を図6にベクトル図で示せ。

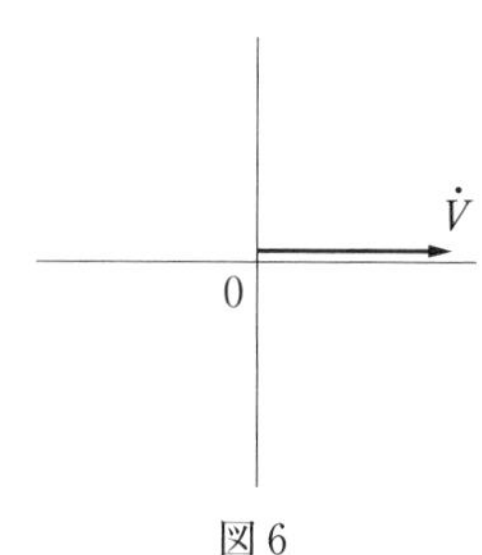

図6

4 誘導性リアクタンス $X_L = 20\,\Omega$ だけの回路に，正弦波交流電圧 $e = 100\sqrt{2}\sin 100\pi t$ [V] を加えた。このとき流れる電流の瞬時値 i [A] の式を求めよ。 例題

5 図7の回路において，次の問いに答えよ。

(1) 誘導性リアクタンス X_L [Ω] を求めよ。

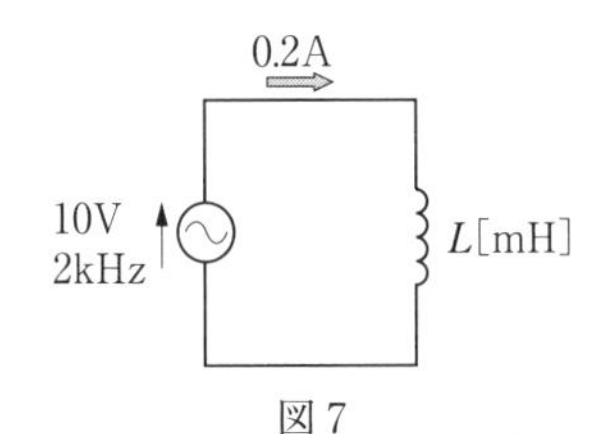

図7

(2) インダクタンス L [mH] を求めよ。

6 $L = 0.04$ H だけの回路に，実効値 100 V，周波数 50 Hz の正弦波交流電圧を加えたとき，流れる電流の瞬時値 i [A] の式を求めよ。

7 図8の回路に，次に示す電圧 e を加えたとき，次の問いに答えよ。

$$e = 100\sqrt{2}\sin\left(200\pi t + \frac{\pi}{6}\right) \text{ [V]}$$

(1) 周波数 f [Hz] を求めよ。

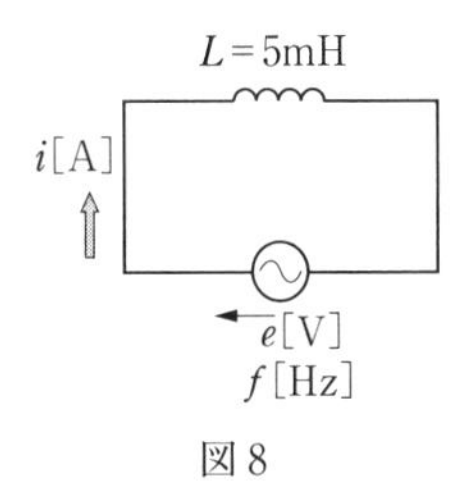

図8

(2) 電流の瞬時値 i [A] の式を求めよ。

4 静電容量 C だけの回路の計算 (p. 148〜149)

1 次の文の（　　）に適切な用語または式を下記の語群から選んで記入せよ。

(1) 図9の回路に，角周波数 ω [rad/s] の正弦波交流電圧 e [V] を加えると，静電容量は(1　　　　) [Ω] の働きをして，電流をさまたげるとともに，電流の位相を電圧より (2　　　　) [rad] だけ (3　　　　)せる働きをする。

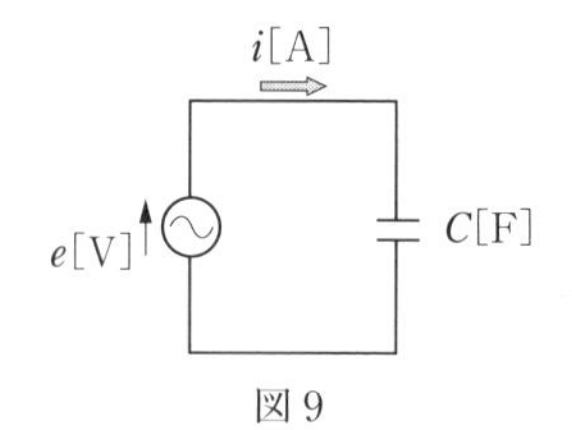

図9

(2) 電流の流れをさまたげる働きをする $\dfrac{1}{\omega C}$ [Ω] を (4　　　　) といい，量記号 X_C で表す。X_C は周波数 f [Hz] を用いて次のように表すことができる。

$X_C =$ (5　　　　　　) [Ω]

【語群】 遅ら　　進ま　　誘導性リアクタンス

容量性リアクタンス　　$\dfrac{1}{\omega C}$　　$\dfrac{1}{2\pi f C}$　　$\dfrac{\pi}{2}$

2 静電容量 C と周波数 f が次のように与えられたとき，容量性リアクタンス X_C [Ω] を求めよ。

(1) $C = 10$ μF，$f = 600$ Hz

(2) $C = 120$ pF，$f = 1$ MHz

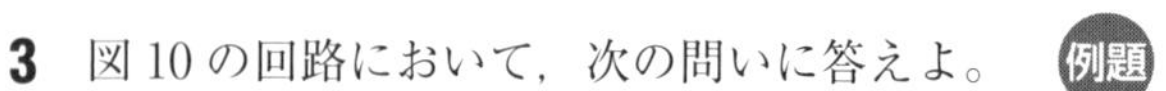
3 図10の回路において，次の問いに答えよ。 例題

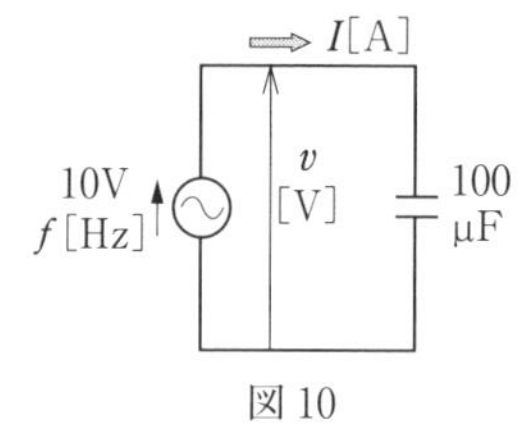

図10

(1) 周波数 f が 50 Hz のとき，容量性リアクタンス X_C [Ω] を求めよ。

(2) 電流の実効値 I [A] を求めよ。

(3) 周波数 f が2倍になると，電流は何倍になるか。

(4) $\dot{V}$ と $\dot{I}$ の関係を図11にベクトル図で示せ。

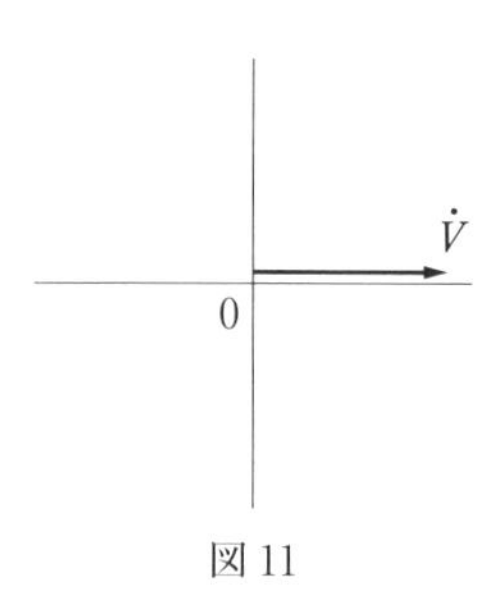

図11

4 容量性リアクタンス $X_C = 20\,\Omega$ だけの回路に，正弦波交流電圧 $e = 100\sqrt{2}\sin 100\pi t$ [V] を加えた。このとき流れる電流の瞬時値 i [A] の式を求めよ。 例題

5 図 12 の回路において，次の問いに答えよ。

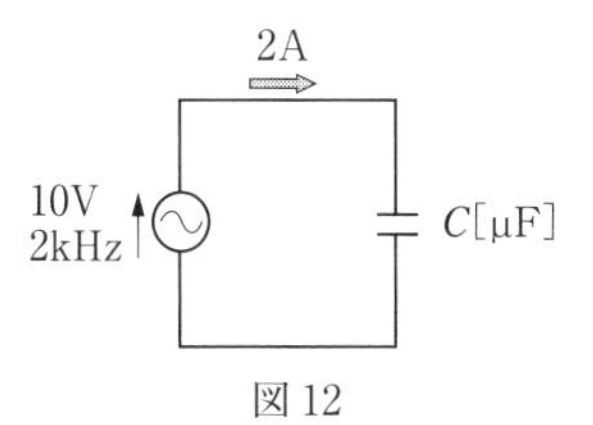

図 12

(1) 容量性リアクタンス X_C [Ω] を求めよ。

(2) 静電容量 C [μF] を求めよ。

6 $C = 47\,\mu\text{F}$ だけの回路に，実効値 100 V，周波数 50 Hz の正弦波交流電圧を加えたとき，流れる電流の瞬時値 i [A] の式を求めよ。

7 図 13 の回路に，次に示す電圧 v を加えたとき，次の問いに答えよ。

$$e = 100\sqrt{2}\sin\left(200\pi t + \frac{\pi}{6}\right)\ [\text{V}]$$

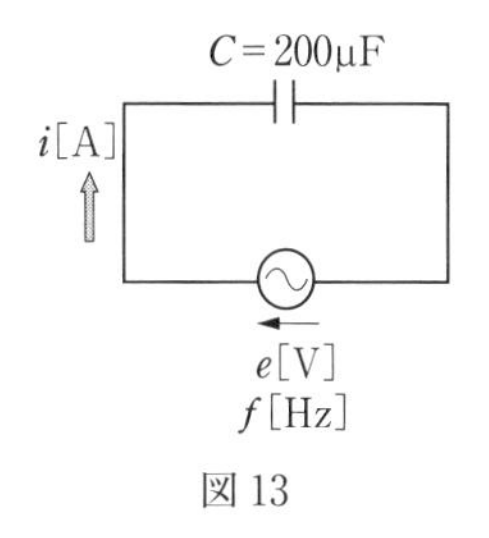

図 13

(1) 周波数 f [Hz] を求めよ。

(2) 電流の瞬時値 i [A] の式を求めよ。

5 インピーダンス　(p. 150〜151)

1 次の文の(　　)に適切な用語または記号を下記の語群から選んで記入せよ。

(1) 図14に示す交流回路において，電圧 $\dot{V}$ [V] と電流 $\dot{I}$ [A] の比を(1　　　)といい，(2　　　) [Ω] で表す。インピーダンスは，次のように複素数で表される。

$$\dot{Z} = (3\qquad) \pm j(4\qquad)\ [\Omega]$$

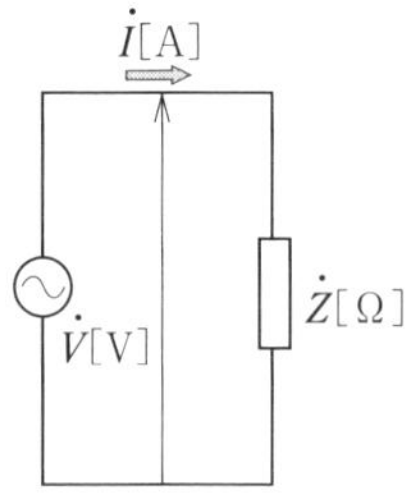

図14

(2) インピーダンス $\dot{Z}$ [Ω] は，虚部が正であれば(5　　　)であるといい，負であれば(6　　　)であるという。

(3) インピーダンス $\dot{Z}$ [Ω] は，次のように極座標表示で表される。

$$\dot{Z} = Z\angle\theta\ [\Omega]$$

この場合，Z を(7　　　　　)，θ を(8　　　　　)という。

(4) インピーダンス Z [Ω]，抵抗分 R [Ω]，リアクタンス分 X [Ω] は，図15のように直角三角形の関係がある。

この三角形を(9　　　　　)という。

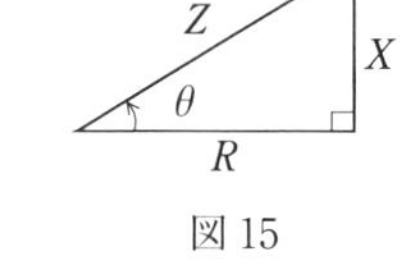

図15

【語群】　インピーダンス　　インピーダンス角　　インピーダンス三角形
　　　　インピーダンスの大きさ　　誘導性　　容量性　　R　　X　　$\dot{Z}$

2 インピーダンス $\dot{Z}$ [Ω] が次のように表せるとき，次の問いに答えよ。

$$\dot{Z} = 10 + j10\sqrt{3}$$

(1) 抵抗分 R [Ω] はいくらか。

(2) リアクタンス分 X [Ω] はいくらか。

(3) インピーダンスの大きさ Z [Ω] を求めよ。

(4) インピーダンス角 θ を [rad] および [°] で求めよ。

6 *RL* 直列回路の計算 (p. 152〜153)

1 次の文の（　　）に適切な記号または式を入れよ。

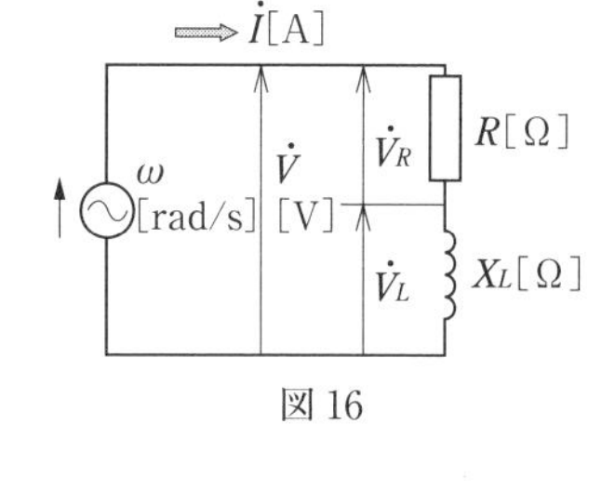

図 16

(1) 図 16 の回路に，電流 $\dot{I} = I\angle 0° = I$ [A] が流れているとき，抵抗の両端の電圧 $\dot{V}_R$，コイルの両端の電圧 $\dot{V}_L$ は次のように表される。

$\dot{V}_R =$ (1　　　　) $\dot{I}$ [V]

$\dot{V}_L =$ (2　　　　) $\dot{I}$ [V]

ここで，全電圧 $\dot{V}$ [V] は次のようになる。

$\dot{V} = \dot{V}_R + \dot{V}_L =$ (3　　　　　　　　) $\dot{I}$

$=$ (4　　　　) I [V]

ただし，$Z = \sqrt{R^2 + X_L{}^2}$ [Ω]，$\theta = \tan^{-1}\dfrac{X_L}{R}$

(2) 流れる電流 $\dot{I}$ [A] のベクトルは，(5　　　　) と同相である。

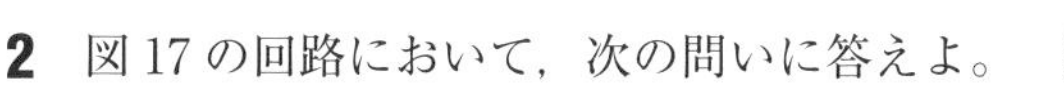
2 図 17 の回路において，次の問いに答えよ。  例題

(1) 誘導性リアクタンス X_L [Ω] を求めよ。

➜ (1)の X_L の値は，適切な数値に丸めること。

(2) インピーダンス Z [Ω] を求めよ。

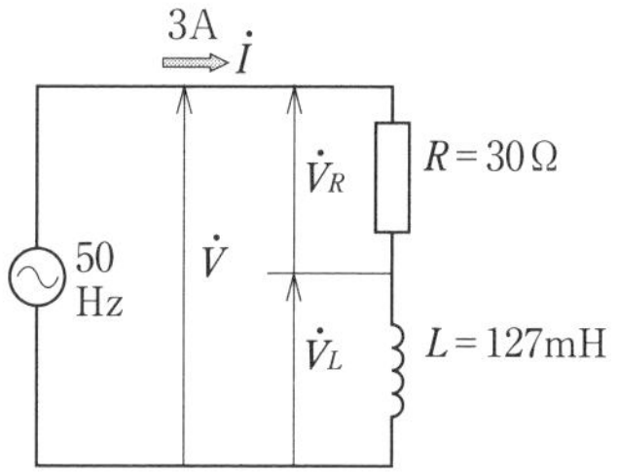

3A $\dot{I}$
50 Hz
$\dot{V}$
$\dot{V}_R$
$R = 30$Ω
$\dot{V}_L$
$L = 127$mH

図 17

(3) インピーダンス角 θ [°] を求めよ。

(4) 抵抗の両端の電圧 V_R [V] を求めよ。

(5) コイルの両端の電圧 V_L [V] を求めよ。

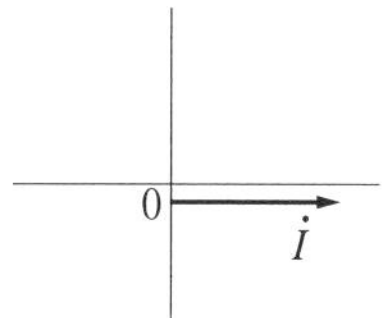

(6) 全電圧 V [V] を求めよ。

0
$\dot{I}$

図 18

(7) $\dot{V}_R$，$\dot{V}_L$，$\dot{V}$ のベクトルを図 18 に示せ。

7 RC 直列回路の計算 (p. 154〜155)

1 次の文や式の（　　）に適切な記号または式を入れよ。

(1) 図19の回路に，電流 $\dot{I} = I\angle 0° = I$ [A] が流れているとき，抵抗の両端の電圧 $\dot{V}_R$，コンデンサの両端の電圧 $\dot{V}_C$ は次のように表される。

$\dot{V}_R =$ (1　　　) $\dot{I}$ [V]

$\dot{V}_C =$ (2　　　) $\dot{I}$ [V]

また，全電圧 $\dot{V}$ [V] は次のようになる。

$\dot{V} = \dot{V}_R + \dot{V}_C =$ (3　　　) $\dot{I} =$ (4　　　) I [V]

ただし，$Z = \sqrt{R^2 + X_C{}^2}$ [Ω]，$\theta = \tan^{-1}\left(-\dfrac{X_C}{R}\right)$

図19

(2) 流れる電流 $\dot{I}$ [A] のベクトルは，(5　　　) と同相である。

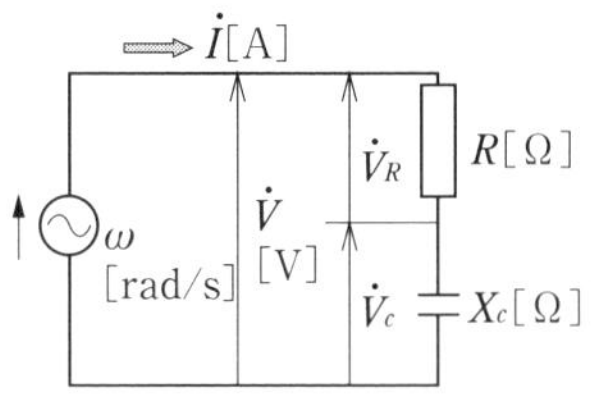

2 図20の回路において，次の問いに答えよ。 例題

(1) 容量性リアクタンス X_C [Ω] を求めよ。

(1)の X_C の値は，適切な数値に丸めること。

(2) インピーダンス Z [Ω] を求めよ。

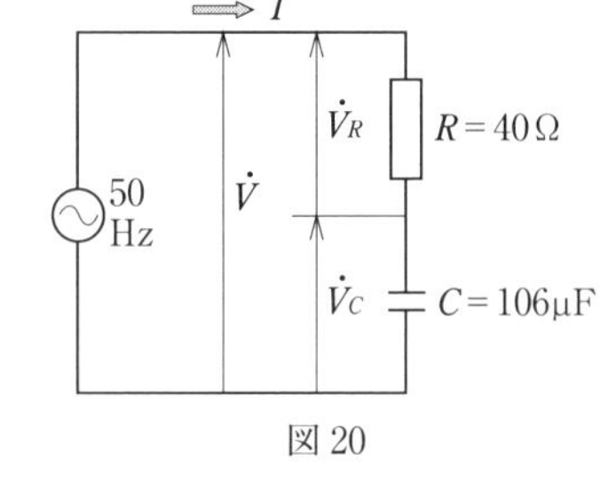

図20

(3) インピーダンス角 θ [°] を求めよ。

(4) 抵抗の両端の電圧 V_R [V] を求めよ。

(5) コンデンサの両端の電圧 V_C [V] を求めよ。

(6) 全電圧 V [V] を求めよ。

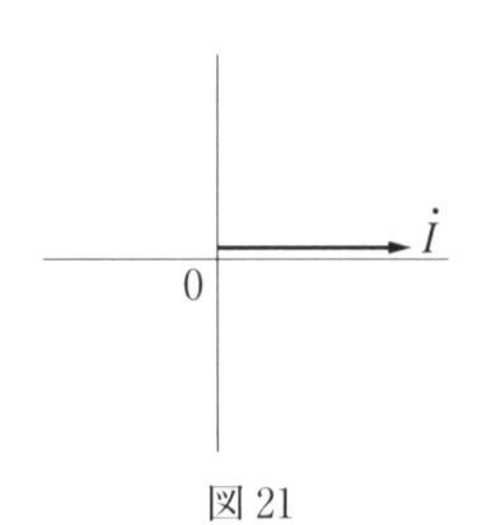

図21

(7) $\dot{V}_R$，$\dot{V}_C$，$\dot{V}$ のベクトルを図21に示せ。

8 RLC 回路の計算 (p. 156〜157)

1 次の（　　）に適切な記号または式を入れよ。

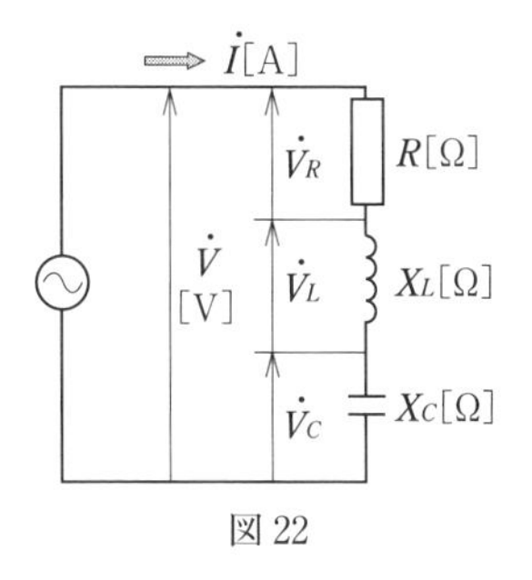

図 22

図 22 の回路に，電流 $\dot{I} = I\angle 0° = I$ [A] が流れているとき，それぞれの素子の端子間電圧 $\dot{V}_R$，$\dot{V}_L$，$\dot{V}_C$ [V] および全電圧 $\dot{V}$ [V] は，次のように表される。

$\dot{V}_R =$ (1　　　　) $\dot{I}$ [V]

$\dot{V}_L =$ (2　　　　) $\dot{I}$ [V]

$\dot{V}_C =$ (3　　　　) $\dot{I}$ [V]

$$\dot{V} = \dot{V}_R + \dot{V}_L + \dot{V}_C$$

$=$ (4　　　　　　　　　　) $\dot{I}$

$$= \{R + j(X_L - X_C)\}\dot{I}$$

$$= (Z\angle\theta)I \text{ [V]}$$

ただし，$Z = \sqrt{R^2 + (X_L - X_C)^2}$ [Ω]，$\theta = \tan^{-1}\dfrac{X_L - X_C}{R}$

2 図 23 の回路において，次の問いに答えよ。 

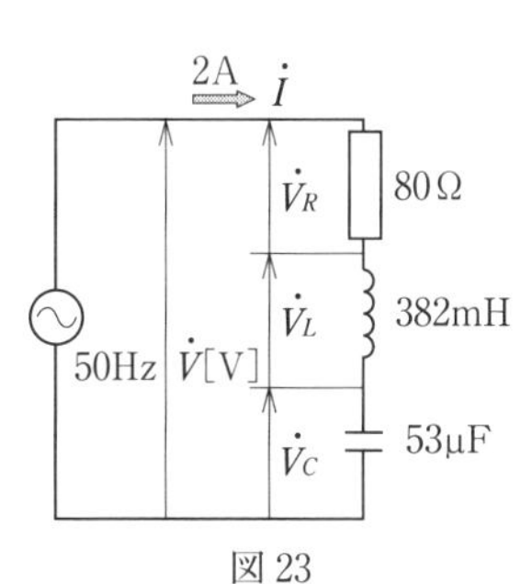

図 23

(1) 誘導性リアクタンス X_L [Ω] を求めよ。

(2) 容量性リアクタンス X_C [Ω] を求めよ。

(3) インピーダンス Z [Ω] を求めよ。

(4) それぞれの素子の端子間電圧 V_R [V]，V_L [V]，V_C [V] を求めよ。

(5) 全電圧 V [V] を求めよ。

3 図24の回路において，次の問いに答えよ。

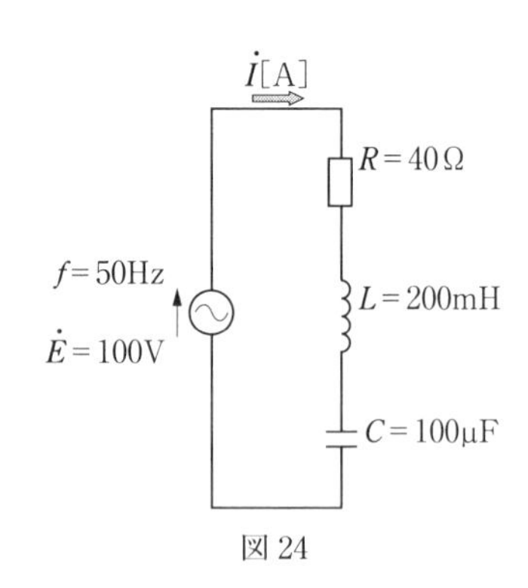

図24

(1) 誘導性リアクタンス X_L [Ω] を求めよ。

(2) 容量性リアクタンス X_C [Ω] を求めよ。

(3) インピーダンス Z [Ω] を求めよ。

(4) 電流 I [A] を求めよ。

4 図25の回路において，次の問いに答えよ。

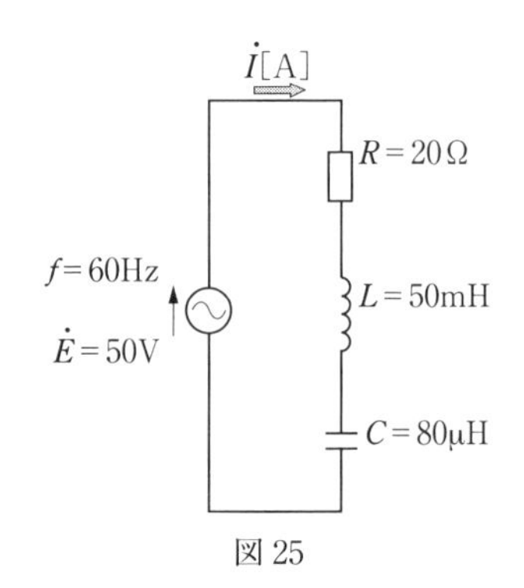

図25

(1) 誘導性リアクタンス X_L [Ω] を求めよ。

(2) 容量性リアクタンス X_C [Ω] を求めよ。

(3) インピーダンス Z [Ω] を求めよ。

(4) 電流 I [A] を求めよ。

9 並列回路とアドミタンス (p. 158～159)

1 次の文の（　　）に適切な式を入れよ。

図 26 において，各電流 $\dot{I}_R$，$\dot{I}_L$，$\dot{I}_C$ [A] および全電流 $\dot{I}$ [A] は次のように求めることができる。

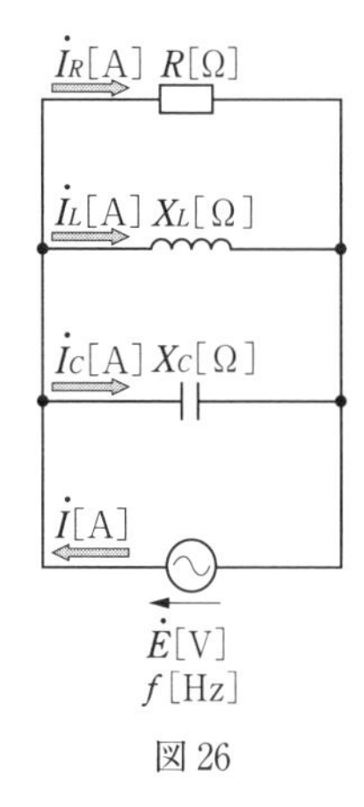

図 26

$$\dot{I}_R = \frac{\dot{V}}{(1\qquad)} \text{[A]}$$

$$\dot{I}_L = \frac{\dot{V}}{(2\qquad)} \text{[A]}$$

$$\dot{I}_C = \frac{\dot{V}}{(3\qquad)} \text{[A]}$$

$$\dot{I} = \dot{I}_R + \dot{I}_L + \dot{I}_C \text{[A]}$$

2 図 27 の回路において，次の問いに答えよ。 例題

(1) スイッチ S が開いているとき，

(a) 電流 $\dot{I}_R$ [A] を求めよ。

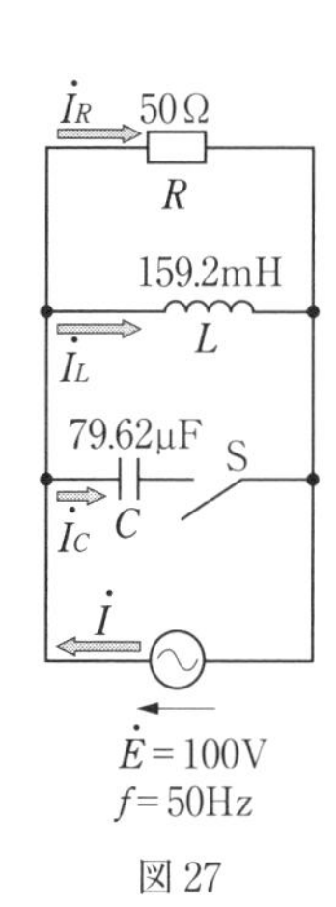

図 27

(b) 電流 $\dot{I}_L$ [A] を求めよ。

(c) 電流 $\dot{I}$ [A] を極座標表示（$A\angle\theta$）で求めよ。

(2) スイッチ S が閉じているとき，

(a) 電流 $\dot{I}_C$ [A] を求めよ。

(b) 電流 $\dot{I}$ [A] を極座標表示（$A\angle\theta$）で求めよ。

3 図28の回路において，次の問いに答えよ。

(1) スイッチSが開いているとき，

(a) 電流 $\dot{I}_R$ [A] を求めよ。

(b) 電流 $\dot{I}_C$ [A] を求めよ。

(c) 電流 $\dot{I}$ [A] を極座標表示（$A\angle\theta$）で求めよ。

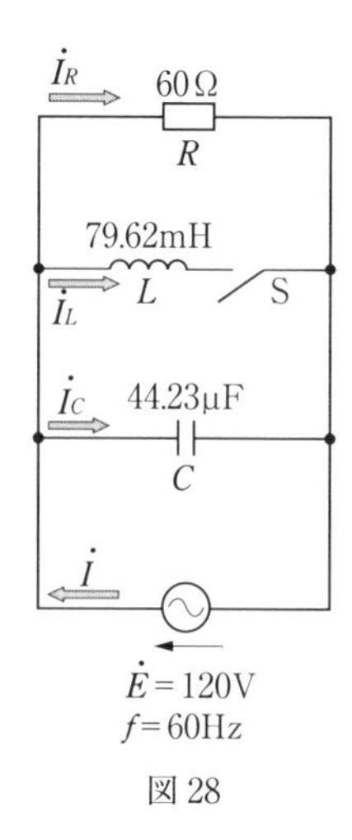

図28

(2) スイッチSが閉じているとき，

(a) 電流 $\dot{I}_L$ [A] を求めよ。

(b) 電流 $\dot{I}$ [A] を極座標表示（$A\angle\theta$）で求めよ。

4 図29の回路において，次の問いに答えよ。

(1) 電流 $\dot{I}_R$ [A] を求めよ。

(2) 電流 $\dot{I}_L$ [A] を求めよ。

(3) 電流 $\dot{I}_C$ [A] を求めよ。

(4) 電流 $\dot{I}$ [A] を極座標表示（$A\angle\theta$）で求めよ。

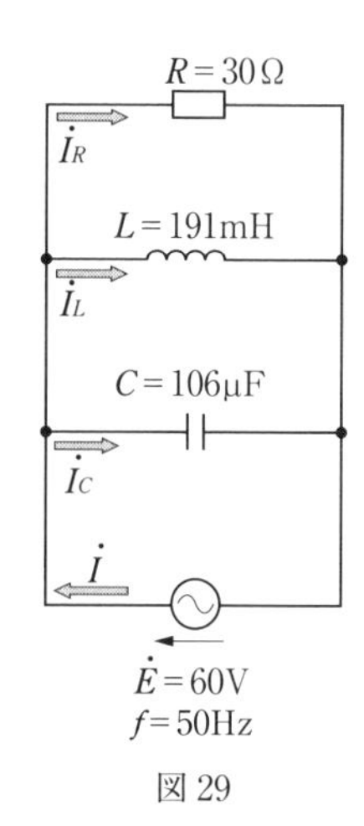

図29

4　共振回路（教科書　p. 162～165）

1　直列共振回路（p. 162～163）　2　並列共振回路（p. 164～165）

1　次の文の（　　）に適切な用語，数値または式を下記の語群から選んで記入せよ。ただし，用語，数値または式は何回使用してもよい。

(1)　図1の回路において，電源の周波数 f[Hz] を変え，$X_L = X_C$ とすると，インピーダンス Z は最小となり，電流は(1　　　　)となる。このような現象を(2　　　　　　)といい，このときの周波数 f_0 [Hz] を(3　　　　　　)という。

f_0 は次の式で表される。

$f_0 =$ (4　　　　　　　　) [Hz]

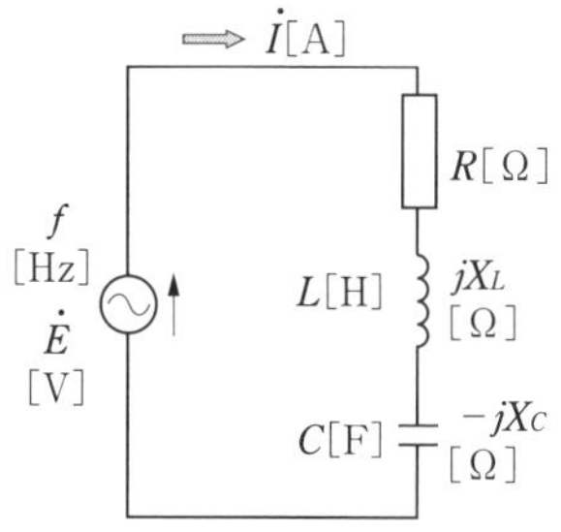

図1

(2)　図2の回路において，電源の周波数 f[Hz] を変え，$X_L = X_C$ とすると，インピーダンス Z は最大となり，全電流は(5　　　　)となる。このような現象を(6　　　　)といい，このときの周波数 f_0 [Hz] を(7　　　　　　)という。

f_0 は次の式で表される。

$f_0 =$ (8　　　　　　　　) [Hz]

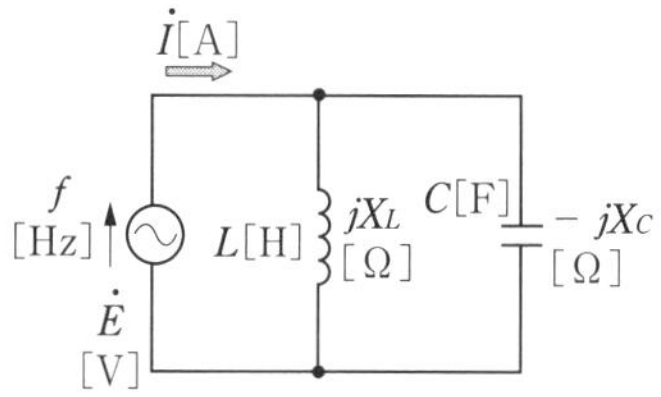

図2

【語群】　共振周波数　　最大　　直列共振　　並列共振　　0　　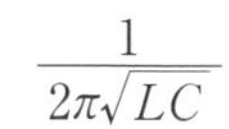 $\dfrac{1}{2\pi\sqrt{LC}}$

2　図3の回路において，次の問いに答えよ。　例題

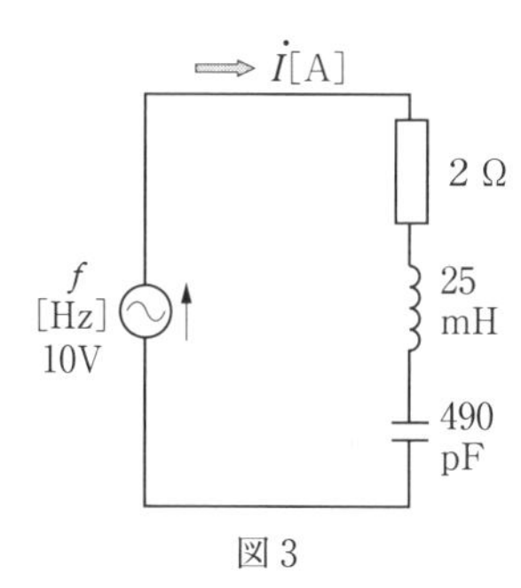

図3

(1)　共振周波数 f_0 [kHz] を求めよ。

(2)　直列共振時のインピーダンス Z [Ω] を求めよ。

(3)　直列共振時の電流 I [A] を求めよ。

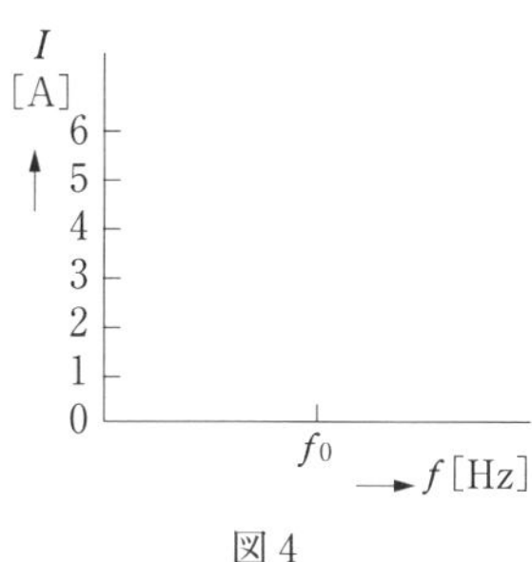

図4

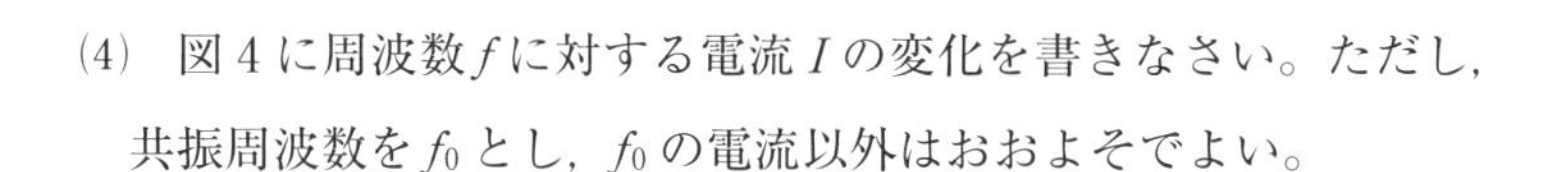

(4)　図4に周波数 f に対する電流 I の変化を書きなさい。ただし，共振周波数を f_0 とし，f_0 の電流以外はおおよそでよい。

5　交流回路の電力（教科書　p. 166〜169）

1　電力と力率（p. 166〜167）

1　次の文の（　　）に適切な用語を下記の語群から選んで記入せよ。

(1)　交流電圧と電流の瞬時値を v[V]，i[A] とすると，この積 vi を（1　　　　）という。

(2)　交流電圧と電流の実効値を V[V]，I[A]，位相差を θ[rad] とすると，電力の平均値 P[W] は次の式で表される。

$$P = VI\cos\theta\,[\mathrm{W}]$$

このPを（2　　　　）または（3　　　　），$\cos\theta$ を（4　　　　）という。

【語群】　瞬時電力　　消費電力　　有効電力　　力率

2　図1の回路で，次の問いに答えよ。 

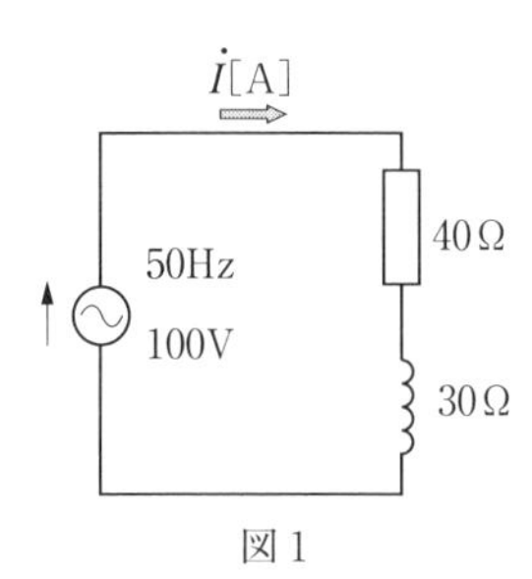

図1

(1)　インピーダンス Z[Ω] を求めよ。

(2)　位相差 θ[°] および力率を求めよ。

(3)　電流 I[A] および有効電力 P[W] を求めよ。

3　図2の回路で，次の問いに答えよ。

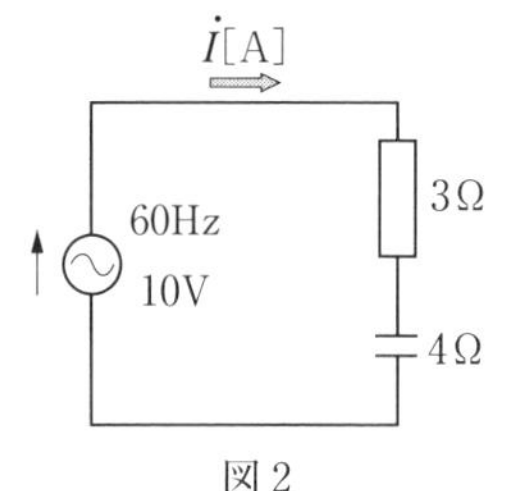

図2

(1)　インピーダンス Z[Ω] を求めよ。

(2)　位相差 θ[°] および力率を求めよ。

(3)　電流 I[A] および有効電力 P[W] を求めよ。

2 皮相電力・有効電力・無効電力の関係 (p. 168)

1 次の文の（　　）に適切な用語，記号または式を下記の語群から選んで記入せよ。

(1) 交流回路において，電圧 V [V] と電流 I [A] の積 VI は，（1　　　　）とよばれ，量記号に（2　　　　）を用い，単位は，（3　　　　）が用いられる。

(2) S [V·A] に $\sin\theta$ をかけた $S\sin\theta$ を（4　　　　）といい，量記号に（5　　　　）を用い，単位には（6　　　　）が用いられる。

(3) 皮相電力 S [V·A]，有効電力 P [W]，無効電力 Q [var] の間には，次の関係がある。

$S^2 =$ （7　　　　）

【語群】 皮相電力　　無効電力　　有効電力　　$P^2 + Q^2$

S　　Q　　V·A　　var

2 図 3 の回路において，負荷で消費される電力が 400 W のとき，次の問いに答えよ。 例題

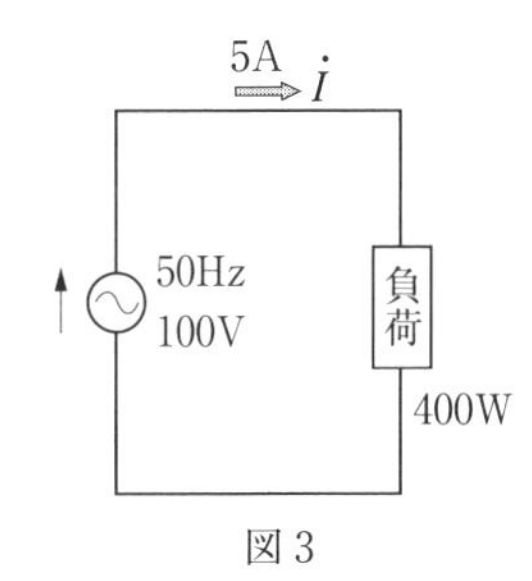

図 3

(1) 皮相電力 S [V·A] を求めよ。

(2) 力率を求めよ。

(3) 無効電力 Q [var] を求めよ。

3 図 4 において，次の問いに答えよ。

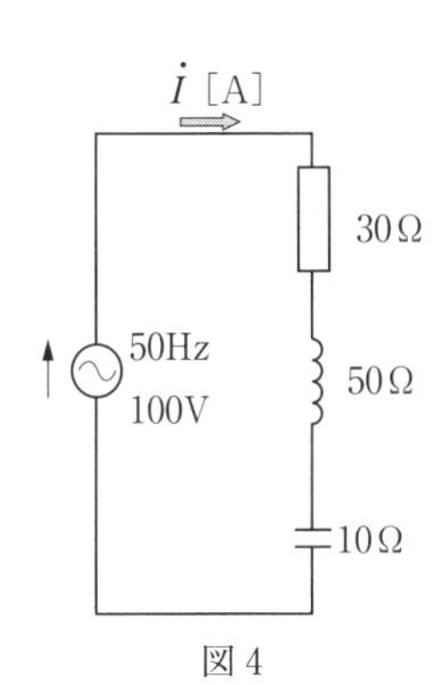

図 4

(1) インピーダンス Z [Ω] および電流 I [A] を求めよ。

(2) 力率を求めよ。

(3) 有効電力 P [W]，皮相電力 S [V·A]，無効電力 Q [var] を求めよ。

6　三相交流（教科書　p. 170〜180）

1　三相交流の基礎（p. 170〜171）

1　次の文の（　　）に適切な用語または式を下記の語群から選んで記入せよ。

(1)　磁界中に同じ形の三つのコイル A，B，C を 120°ずつずらし，逆時計回りに角速度 ω [rad/s] で回転させた。このとき，コイル A に発生した起電力 e_a [V] は，次の式で表される。

$$e_a = \sqrt{2}E\sin\omega t\ [\mathrm{V}]$$

コイル B，C に発生した起電力 e_b，e_c [V] は次のようになる。

$$e_b = \sqrt{2}E\sin(^{1}\qquad\qquad)\ [\mathrm{V}]$$

$$e_c = \sqrt{2}E\sin(^{2}\qquad\qquad)\ [\mathrm{V}]$$

(2)　この三つの起電力 e_a，e_b，e_c を（3　　　　）という。

(3)　e_a，e_b，e_c の大きさは，$e_a \to e_b \to e_c$ の順で最大になる。
この順序を（4　　　　）または（5　　　　）という。

(4)　図 1 のように，大きさが等しく，位相差が互いに 120°の三つの起電力を（6　　　　　　　　　　）または（7　　　　　　　　　　）という。三相交流起電力をつくり出す電源を（8　　　　　　　　）という。

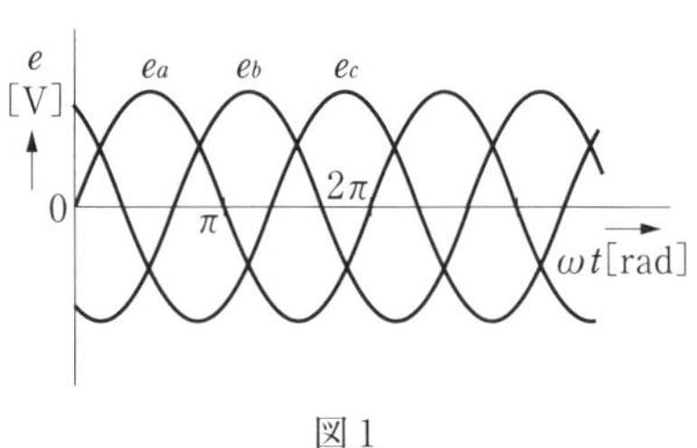

図 1

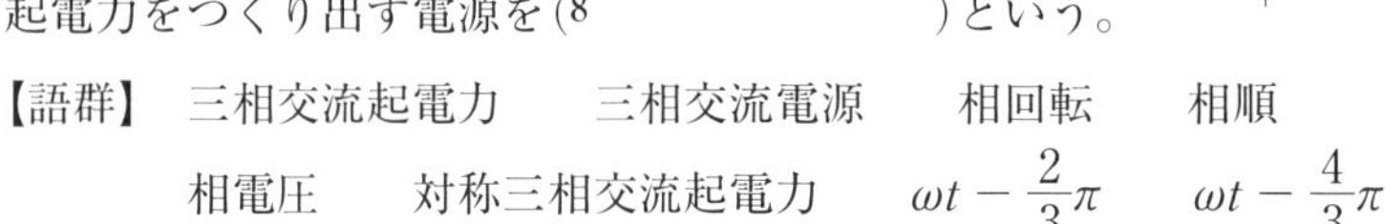

【語群】　三相交流起電力　　三相交流電源　　相回転　　相順
相電圧　　対称三相交流起電力　　$\omega t - \dfrac{2}{3}\pi$　　$\omega t - \dfrac{4}{3}\pi$

2　e_a の実効値を E とし，初位相を 0 [rad] とすると，$\dot{E}_a$ は次のように表される。$\dot{E}_a = E\angle 0 = E\{\cos(0) + j\sin(0)\} = E$ [V]
それでは，$\dot{E}_b$，$\dot{E}_c$ は，どのような式で表されるか。

$\dot{E}_b =$

$\dot{E}_c =$

次に，上の式を用いて，$\dot{E}_a + \dot{E}_b + \dot{E}_c = 0$ となることを証明せよ。　例題

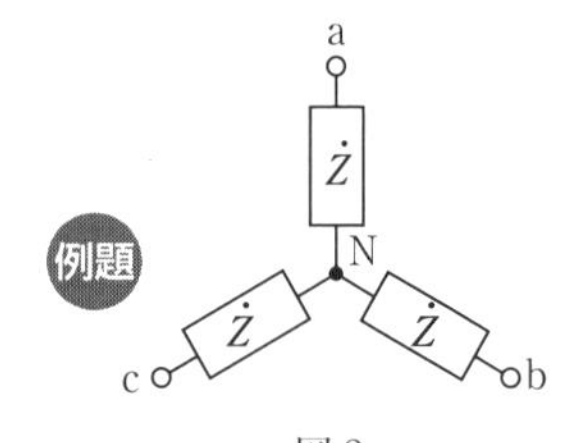

図 2

3　次の文の（　　）に適切な用語を記入せよ。

(1)　三相交流電源から負荷に電力を供給する回路を（1　　　　　　）という。

(2)　負荷を結線する方法で，図 2 は（2　　　　）または（3　　　　）といい，図 3 は（4　　　　）または（5　　　　）という。また，図 2 の点 N を（6　　　　）という。

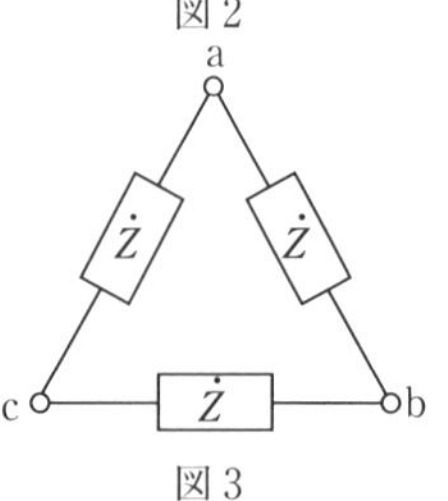

図 3

2 Y−Y 回路 (p. 172〜173)

1 次の文の（　　）に適切な用語または式を入れよ。

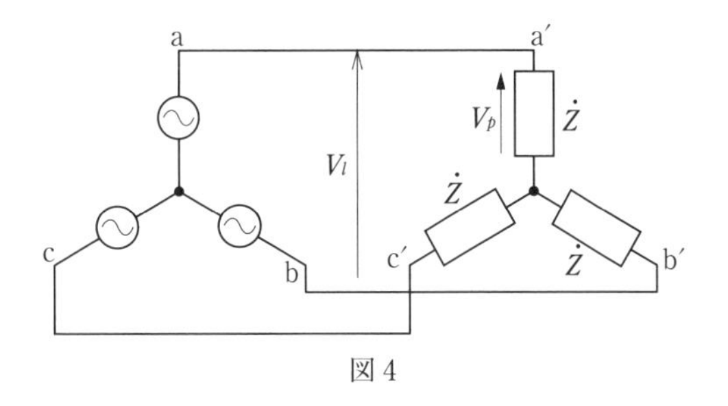

図 4

(1) 図 4 に示すように，電源も負荷も，ともにY 結線にした回路を（1　　　）回路という。

(2) Y-Y 回路においては，線電流の大きさと，相電流の大きさは（2　　　）。

(3) また，線間電圧の大きさ V_l [V] は，相電圧の大きさ V_p [V] と次のような関係がある。

$V_l =$（3　　　）[V]

2 図 5 のような Y−Y 回路において，負荷に流れる電流 $\dot{I}_a$ [A] は次のように表すことができる。

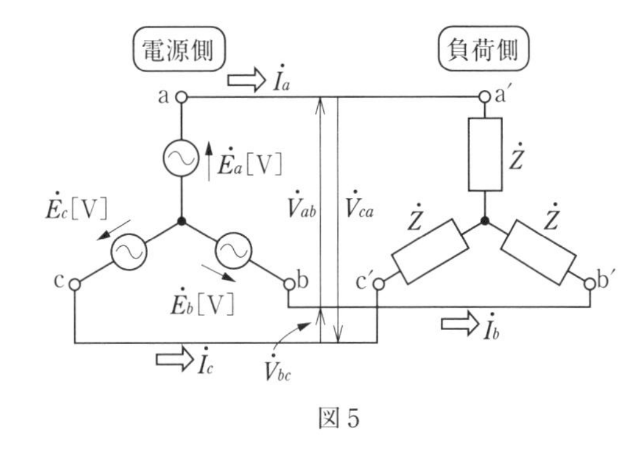

図 5

$$\dot{I}_a = \frac{E}{Z}\angle -\theta \text{ [A]}$$

$\dot{I}_b$, $\dot{I}_c$ [A] はどのようになるか。

$\dot{I}_b =$

$\dot{I}_c =$

3 図 5 の Y−Y 回路において，三相電源の相電圧が 200 V，負荷のインピーダンス $\dot{Z}$ が $20\angle\frac{\pi}{6}$ [Ω] であるとき，次の問いに答えよ。 例題

(1) 線間電圧 V_l [V] を求めよ。

(2) 相電流 I_p [A] と線電流 I_l [A] を求めよ。

(3) 相電圧と相電流の位相差を求めよ。

3 Δ−Δ 回路 (p. 174〜175) 4 Y−Δ と Δ−Y の等価変換 (p. 176〜177)

1 次の文の（　　）に適切な用語または式を入れよ。

(1) 図6に示すように，電源および負荷を Δ 結線した回路を(1　　　　)回路という。

(2) Δ−Δ 回路においては，線間電圧の大きさと相電圧の大きさは(2　　　　)。

(3) また，線電流の大きさ I_l [A] は，相電流の大きさ I_p [A] と次のような関係がある。

$I_l =$ (3　　　　) [A]

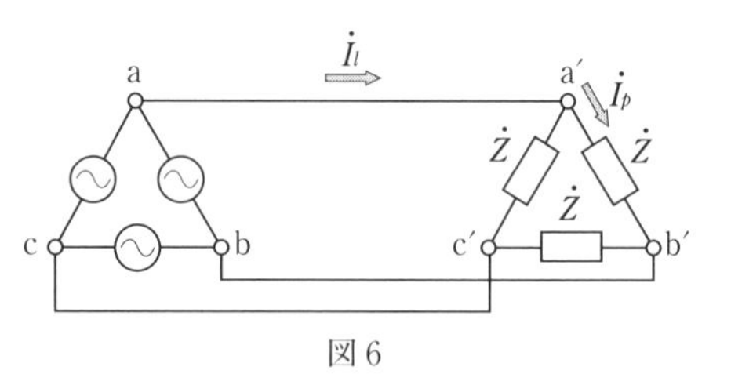

図6

2 図7の回路において，次の問いに答えよ。

(1) 負荷のインピーダンス Z [Ω] を求めよ。

(2) 負荷の力率[%]を求めよ。

(3) 5 A の相電流が流れたとして，線電流 I_l [A] を求めよ。

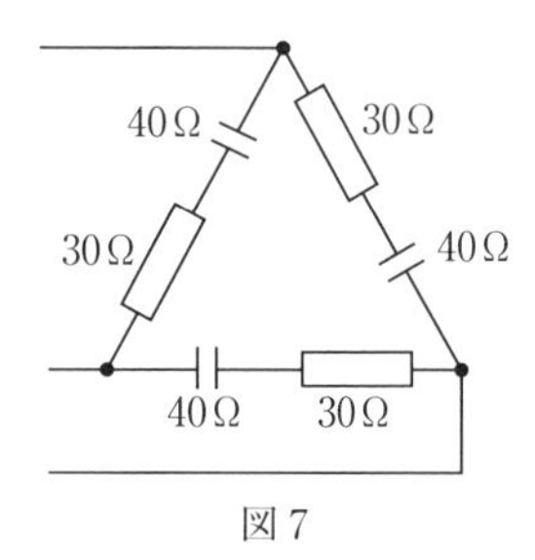

図7

3 図8において，Y 結線負荷のインピーダンス $\dot{Z}_Y$ と等価な Δ 結線負荷のインピーダンス $\dot{Z}_\Delta$ に変換したい。$\dot{Z}_\Delta$ [Ω] を直交座標表示 ($a \pm jb$) で求めよ。 例題

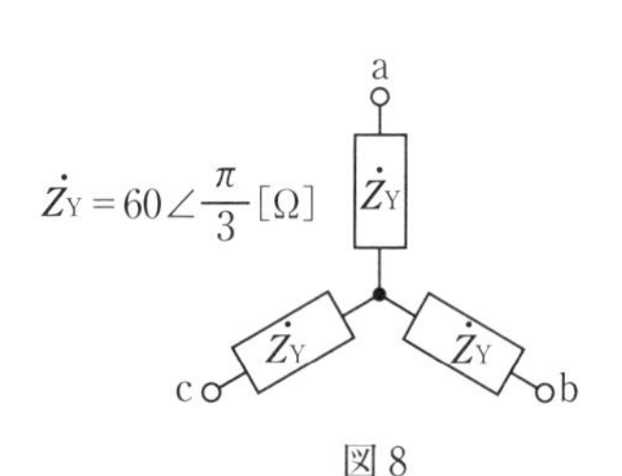

図8

4 図9において，Δ 結線負荷のインピーダンス $\dot{Z}_\Delta$ と等価な Y 結線負荷のインピーダンス $\dot{Z}_Y$ に変換したい。$\dot{Z}_Y$ [Ω] を直交座標表示 ($a \pm jb$) で求めよ。

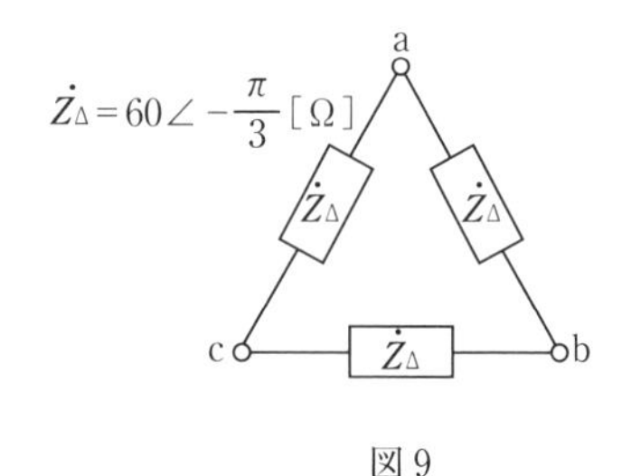

図9

5 三相電力 (p. 178～179)

1 次の文の（　　）に適切な用語，記号または式を下記の語群から選んで記入せよ。

(1) 三相回路における有効電力を(1　　　　)という。

(2) 三相電力は各相の電力の(2　　　　)である。

(3) 相電圧を V_p [V]，相電流を I_p [A]，負荷の力率を $\cos\theta$ とすれば，各相の有効電力 P_p [W] は，P_p = (3　　　　　　) [W] である。

よって，三相電力 P [W] は，P = (4　　　　　　) [W] となる。

(4) 線間電圧 V_l，相電圧 V_p，線電流 I_l，相電流 I_p の関係は，

負荷が Y 結線のとき，V_l = (5　　　　) [V]

I_l = (6　　　　) [A]

負荷が Δ 結線のとき，V_l = (7　　　　) [V]

I_l = (8　　　　) [A]

したがって，三相電力 P [W] は，次のようになる。

P = (9　　　　　　　) [W]

【語群】　三相電力　　和　　I_p　　V_p　　$V_pI_p\cos\theta$

$\sqrt{3}I_p$　　$\sqrt{3}V_p$　　$\sqrt{3}V_lI_l\cos\theta$　　$3V_pI_p\cos\theta$

2 線間電圧が 200 V，線電流が 20 A，負荷の力率が 0.8 であるとき，三相電力 P [kW] を求めよ。

3 Y－Y 回路において，各相電圧 V_p が 100 V，各負荷のインピーダンス $\dot{Z}$ が $20\angle\frac{\pi}{3}$ [Ω] のとき，次の各問いに答えよ。 例題

(1) 線間電圧 V_l [V] を求めよ。

(2) 相電流 I_p [A] を求めよ。

(3) 三相電力 P [W] を求めよ。

4 図10の回路において，次の問いに答えよ。

⑴ 負荷の力率［%］を求めよ。

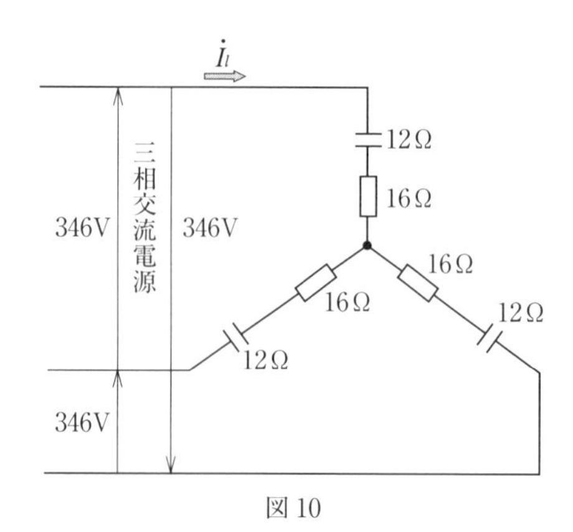

図10

⑵ 相電圧 V_p［V］を求めよ。

⑶ 線電流 I_l［A］を求めよ。

⑷ 三相電力 P［kW］を求めよ。

5 図11の回路において，次の問いに答えよ。

⑴ 負荷の力率［%］を求めよ。

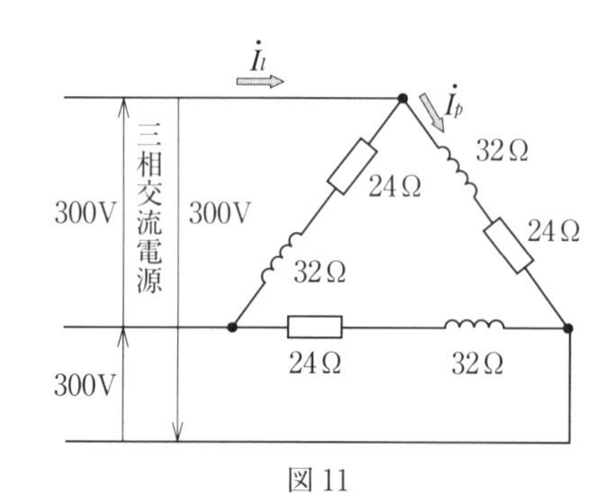

図11

⑵ 相電流 I_p［A］を求めよ。

⑶ 線電流 I_l［A］を求めよ。

⑷ 三相電力 P［kW］を求めよ。

6 図12の回路において，次の問いに答えよ。

(1) 負荷の力率[%]を求めよ。

➔ 負荷をY結線に等価変換して考える。

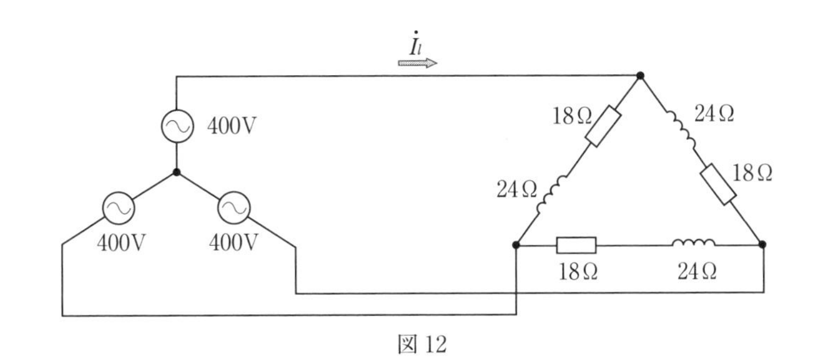

図12

(2) 線電流 I_l [A]を求めよ。

(3) 三相電力 P [kW]を求めよ。

7 図13の回路において，次の問いに答えよ。

(1) 負荷の力率[%]を求めよ。

➔ 負荷をΔ結線に等価変換して考える。

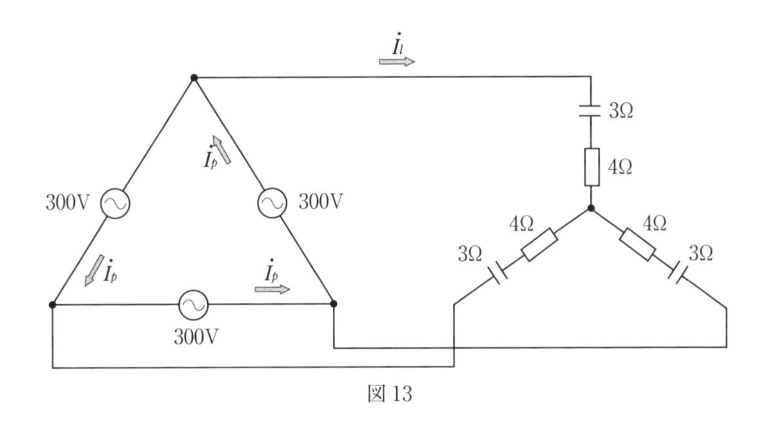

図13

(2) 電源の相電流 I_p [A]を求めよ。

(3) 線電流 I_l [A]を求めよ。

(4) 三相電力 P [kW]を求めよ。

章末問題 1

1　次の文の（　　）に適切な用語，式，数値を下記の語群から選んで記入せよ。ただし，用語，式，数値は何回使用してもよい。

(1)　正弦波交流起電力 e [V] は，次の式で表される。

$$e = E_m \sin 2\pi f t \text{ [V]}$$

この式の中で，E_m は(1　　　　)，f は(2　　　　)，t は(3　　　　)を示し，それぞれの値を代入して求めた e の値を(4　　　　)という。

(2)　正弦波交流起電力を次のア～ウの回路に加えた。

ア．抵抗 R だけの回路の場合，流れる電流は加えた電圧と(5　　　　)である。

イ．インダクタンス L だけの回路の場合，流れる電流は加えた電圧より(6　　　　)[rad] だけ位相が(7　　　　)。

ウ．静電容量 C だけの回路の場合，流れる電流は加えた電圧より(8　　　　)[rad] だけ位相が(9　　　　)。

【語群】　遅れる　　最大値　　時間　　周期　　周波数　　瞬時値　　進む

同相　　90　　$\dfrac{\pi}{2}$　　π

2　実効値 100 V，周波数 50 Hz の正弦波交流電圧の瞬時値 v [V] を表す式を求めよ。

3　$R = 5\,\Omega$，$L = 100\text{ mH}$，$C = 16\,\mu\text{F}$ の直列共振回路がある。共振周波数 f_0 [Hz] を求めよ。また，この回路が共振しているとき，10 V の電圧を加えると電流は何 A 流れるか。

4　図1の回路について，$R = 15\,\Omega$，$\dot{V} = 100\text{ V}$，$I = 5\text{ A}$ であるとき，インピーダンス $\dot{Z}$ [Ω] を $R + jX_L$ の形で表し，$\dot{V}$ と $\dot{I}$ をベクトル図で表せ。

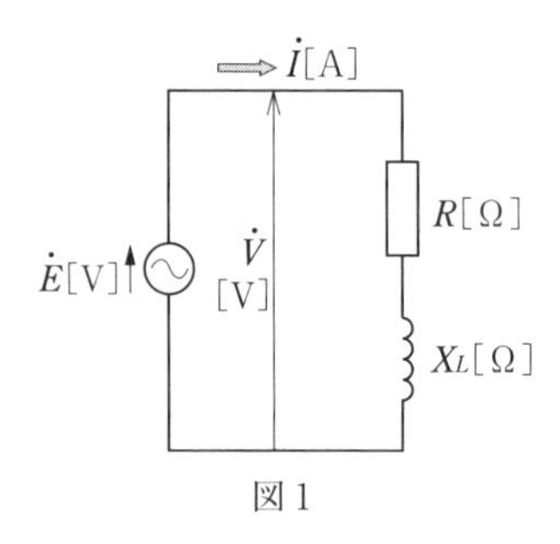

図1

5 図2の回路について，$R = 20\ \Omega$，$\dot{V} = 100\ \mathrm{V}$，$I = 4\ \mathrm{A}$ であるとき，インピーダンス $\dot{Z}$ [Ω] を $R - jX_C$ の形で表し，$\dot{V}$ と $\dot{I}$ をベクトル図で表せ。

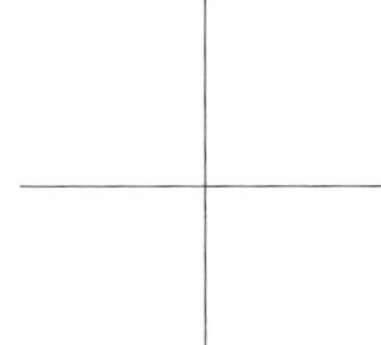

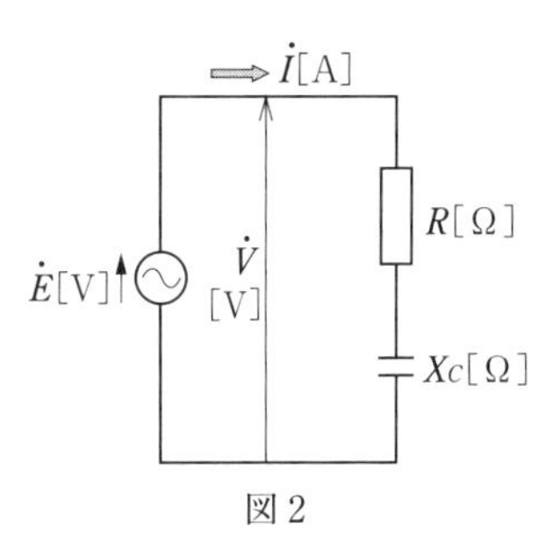

図2

6 図3の回路について，次の値を求めよ。

(1) インピーダンス Z[Ω]

(2) 電流 I[A]

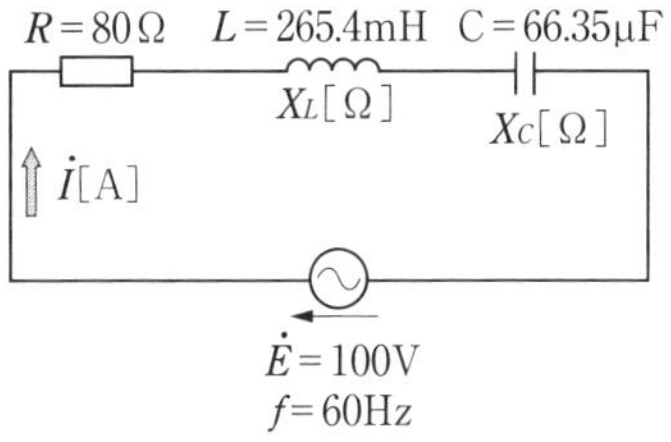

(3) 皮相電力 S[V·A]

(4) 消費電力 P[W]

(5) 無効電力 Q[var]

(6) 共振周波数 f_0[Hz]

図3

7 図4の回路について，次の問いに答えよ。

(1) 電流 $\dot{I}_R$ [A] を求めよ。

(2) 電流 $\dot{I}_L$ [A] を求めよ。

(3) 電流 $\dot{I}_C$ [A] を求めよ。

(4) 電流 $\dot{I}$ [A] を極座標表示 ($A\angle\theta$) で求めよ。

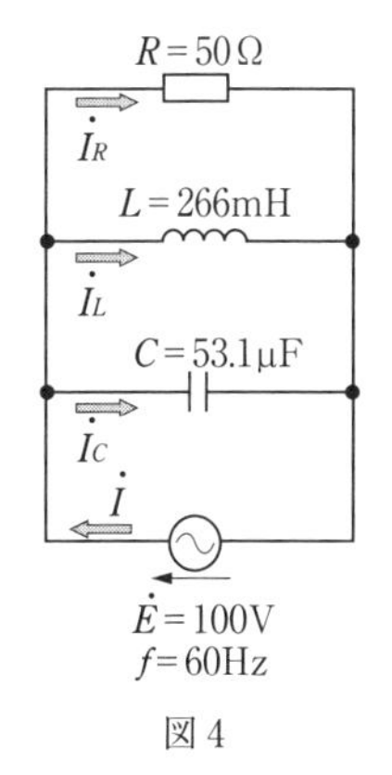

図4

8 図5の回路において，次の問いに答えよ。

(1) インピーダンス $\dot{Z}$ [Ω] を求めよ。

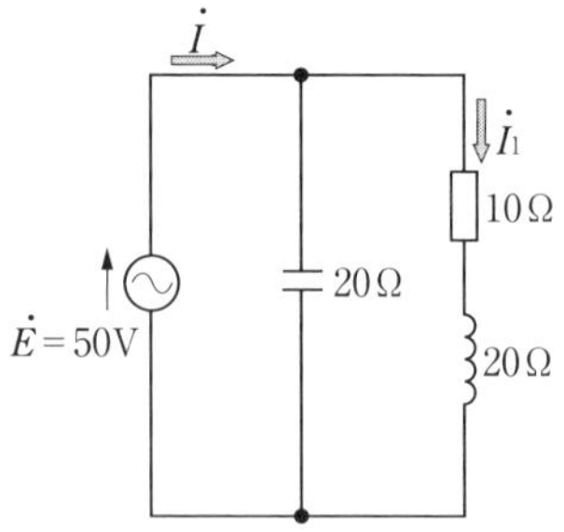

(2) 電流 $\dot{I}$ [A] を求めよ。

図5

(3) 電流 $\dot{I}_1$ [A] を求めよ。

(4) 10 Ω の抵抗で消費する電力 P [W] を求めよ。

9 図6の回路において，次の問いに答えよ。

(1) インピーダンス $\dot{Z}$ [Ω] を求めよ。

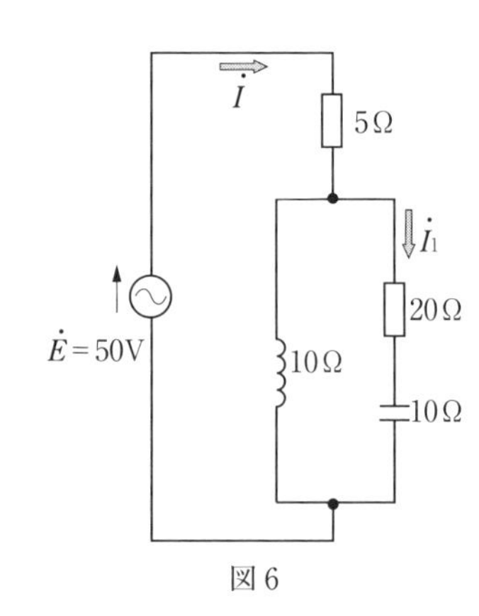

図6

(2) 電流 $\dot{I}$ [A] を求めよ。

(3) 5 Ω の抵抗で消費する電力 P [W] を求めよ。

(4) 電流 $\dot{I}_1$ [A] を求めよ。

(5) 20 Ω の抵抗で消費する電力 P [W] を求めよ。

10　図7の回路において，次の問いに答えよ。

(1)　電流 $\dot{I}_1$ [A] を求めよ。

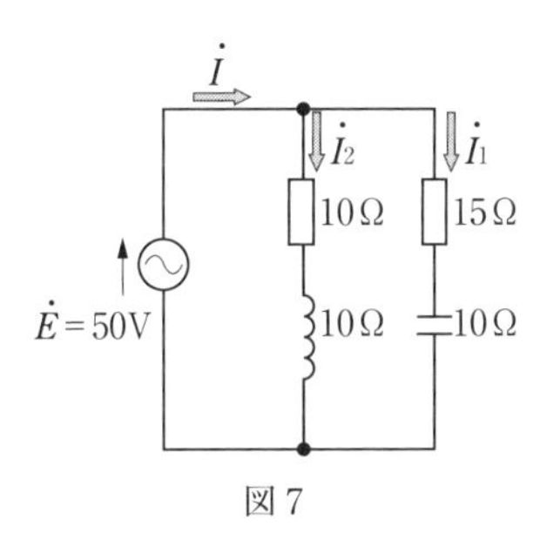

図7

(2)　インピーダンス $\dot{Z}$ [Ω] を求めよ。

(3)　電流 $\dot{I}$ [A] を求めよ。

(4)　電流 $\dot{I}_2$ [A] を求めよ。

(5)　10Ωの抵抗で消費する電力 P [W] を求めよ。

11　図8の回路において，次の問いに答えよ。

(1)　電流 $\dot{I}_1$ [A] を求めよ。

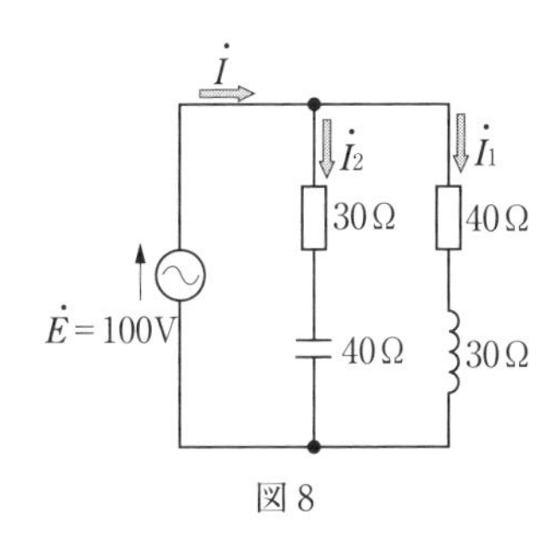

図8

(2)　インピーダンス $\dot{Z}$ [Ω] を求めよ。

(3)　電流 $\dot{I}$ [A] を求めよ。

(4)　電流 $\dot{I}_2$ [A] を求めよ。

(5)　30Ωの抵抗で消費する電力 P [W] を求めよ。

章末問題 2

〈注意〉 解答は，各問題の下わく囲みの中から選び，その記号を解答欄に記入せよ。なお，解答は，正しいもの，またはそれに近いものを選ぶこと。

1 次の問いに答えよ。

(1) 図1は，周期が0.01sの正弦波交流の波形である。この瞬時値 i [A] を示す式を求めよ。

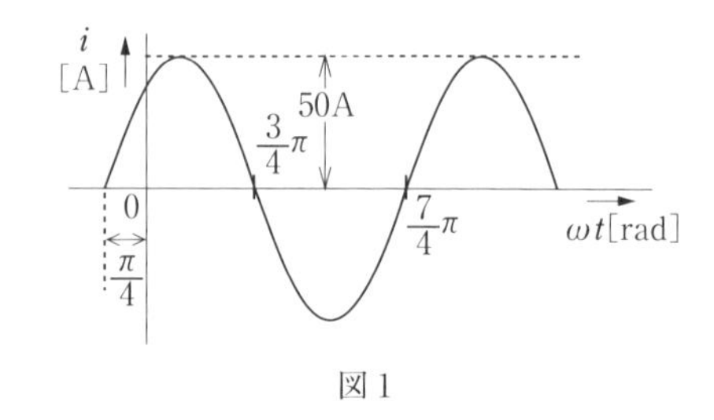

図1

(2) インダクタンスが10mHのコイルに1.5kHzの交流電圧を加えたときの誘導性リアクタンス X_L [Ω] を求めよ。

(3) 図2の回路において，電流が最大になる周波数 f_0 [kHz] を求めよ。

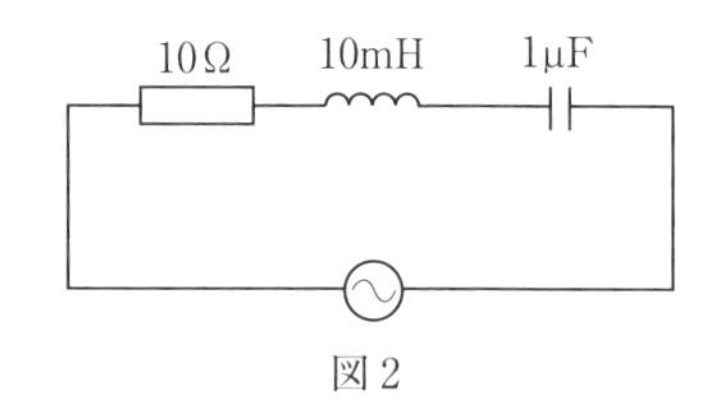

図2

(4) 抵抗30Ω，誘導性リアクタンス70Ω，容量性リアクタンス30Ωの直列回路がある。力率を求めよ。

ア．$50\sqrt{2}\sin\left(100\pi t-\dfrac{\pi}{4}\right)$		イ．$50\sin\left(200\pi t+\dfrac{\pi}{4}\right)$	
ウ．$50\sin\left(200\pi t-\dfrac{\pi}{4}\right)$		エ．$50\sqrt{2}\sin\left(\omega t+\dfrac{\pi}{4}\right)$	
オ．1.42	カ．19.4	キ．94.2	ク．942
ケ．0.59	コ．1.59	サ．15.9	シ．159
ス．0.6	セ．0.8	ソ．0.9	タ．1

(1)	
(2)	
(3)	
(4)	

2 次の問いに答えよ。

(1) 図3における正弦波交流電圧の瞬時値 v [V] を示す式を求めよ。

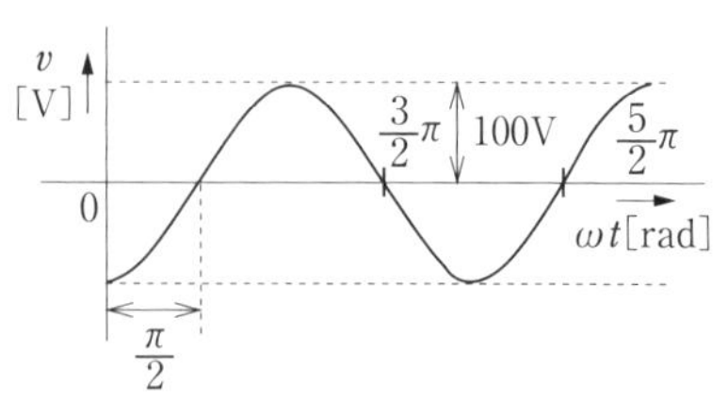

図3

(2) 静電容量が 159 μF のコンデンサに，周波数が 100 Hz の交流電圧を加えたときの容量性リアクタンス X_C [Ω] を求めよ。

(3) 図 4 の回路において，共振周波数 f_0 [kHz] を求めよ。

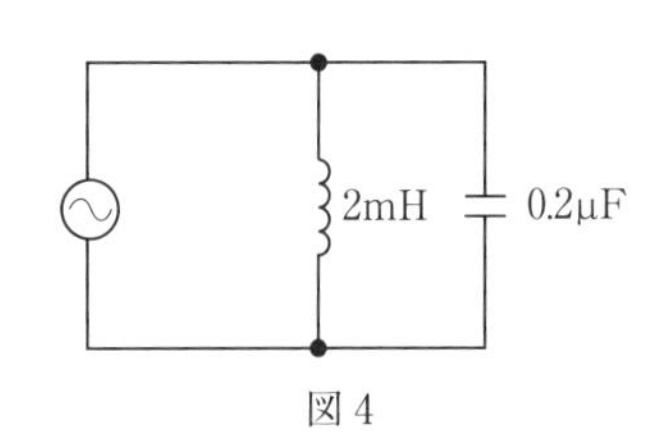

図 4

(4) 抵抗 16 Ω，容量性リアクタンス 12 Ω の直列回路に 200 V の交流電圧を加えたとき，有効電力 P [W] を求めよ。

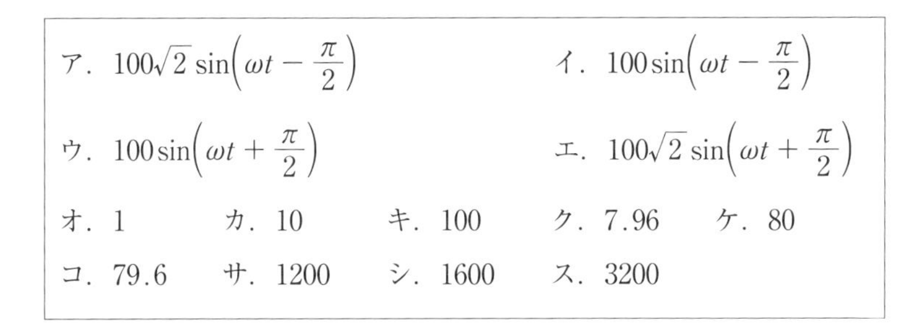
ア．$100\sqrt{2}\sin\left(\omega t - \frac{\pi}{2}\right)$　　イ．$100\sin\left(\omega t - \frac{\pi}{2}\right)$

ウ．$100\sin\left(\omega t + \frac{\pi}{2}\right)$　　エ．$100\sqrt{2}\sin\left(\omega t + \frac{\pi}{2}\right)$

オ．1　カ．10　キ．100　ク．7.96　ケ．80

コ．79.6　サ．1200　シ．1600　ス．3200

(1)	
(2)	
(3)	
(4)	

3 次の問いに答えよ。

(1) 実効値 100 V，周波数 60 Hz の正弦波交流電圧の瞬時値 v [V] を示す式を求めよ。ただし，初位相角を θ [rad] とする。

(2) 図 5 の回路において，コンデンサの両端の電圧 V_C [V] を求めよ。

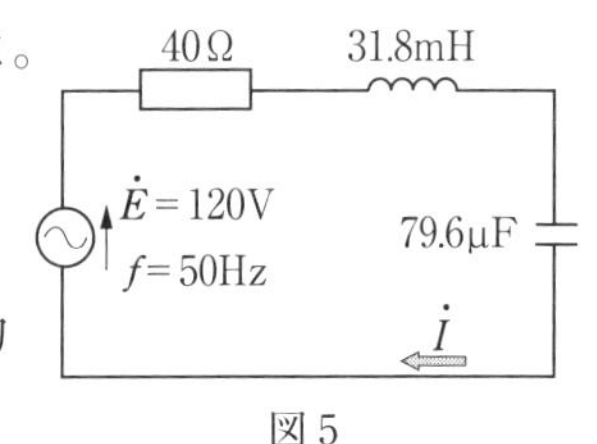

図 5

(3) 皮相電力 S が 100 V·A，無効電力 Q が 60 var のとき，有効電力 P [W] を求めよ。

ア．$100\sqrt{2}\sin(120\pi t + \theta)$　　イ．$100\sqrt{2}\sin(120\pi t - \theta)$

ウ．$100\sin(100\pi t + \theta)$　　エ．$100\sin(120\pi t - \theta)$

オ．9.6　カ．96　キ．100　ク．120

ケ．8　コ．60　サ．80　シ．180

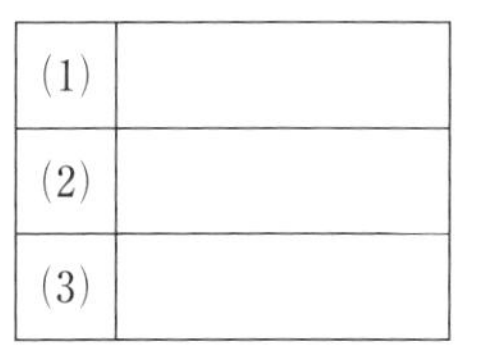

(1)	
(2)	
(3)	

4 図6の回路について，次の問いに答えよ。

(1) 電流 $\dot{I}_R$ [A] を求めよ。

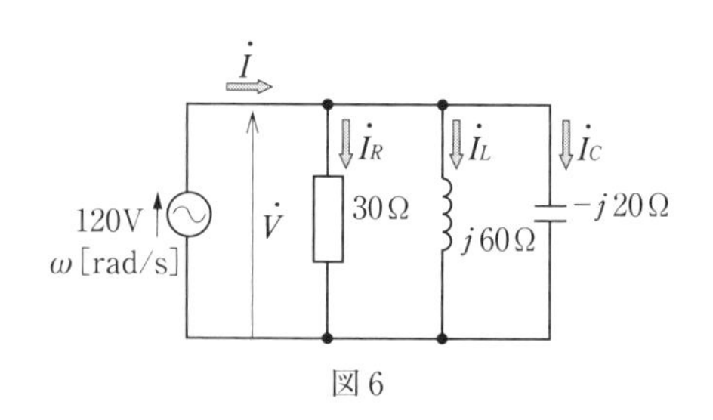

図6

(2) 電流 $\dot{I}_L$ [A] と電流 $\dot{I}_C$ [A] を求めよ。

(3) 全電流 $\dot{I}$ [A] を求めよ。

(4) 電圧 $\dot{V}$ と全電流 $\dot{I}$ を表すベクトル図を書きなさい。

(5) この回路は誘導性，容量性のどちらか。

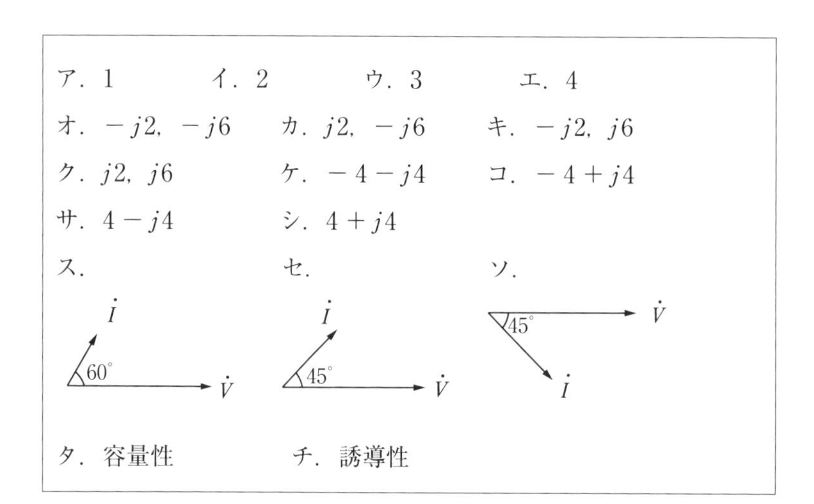
ア．1　イ．2　ウ．3　エ．4

オ．$-j2$，$-j6$　カ．$j2$，$-j6$　キ．$-j2$，$j6$

ク．$j2$，$j6$　ケ．$-4-j4$　コ．$-4+j4$

サ．$4-j4$　シ．$4+j4$

ス．　セ．　ソ．

タ．容量性　チ．誘導性

(1)	
(2)	
(3)	
(4)	
(5)	

5 図7の回路について，次の問いに答えよ。

(1) アドミタンス $\dot{Y}_R$ [S] と $\dot{Y}_C$ [S] を求めよ。

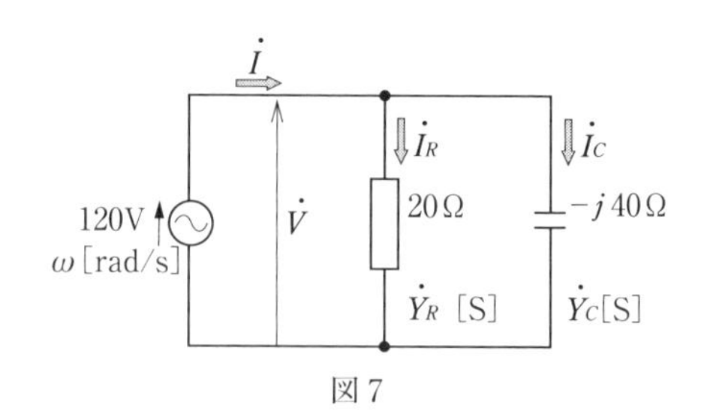

図7

(2) 合成アドミタンス $\dot{Y}$ [S] を求めよ。

(3) 電流 $\dot{I}_R$ [A] と電流 $\dot{I}_C$ [A] を求めよ。

(4)　全電流 $\dot{I}$ [A] を求めよ。

(5)　電圧 $\dot{V}$ と全電流 $\dot{I}$ を表すベクトル図を書きなさい。

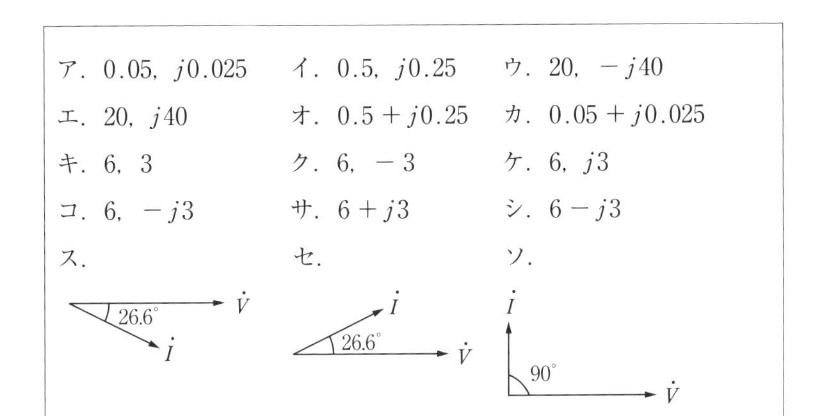

(1)	
(2)	
(3)	
(4)	
(5)	

6　図 8 の回路について，次の問いに答えよ。

(1)　誘導性リアクタンス X_L [Ω] を求めよ。

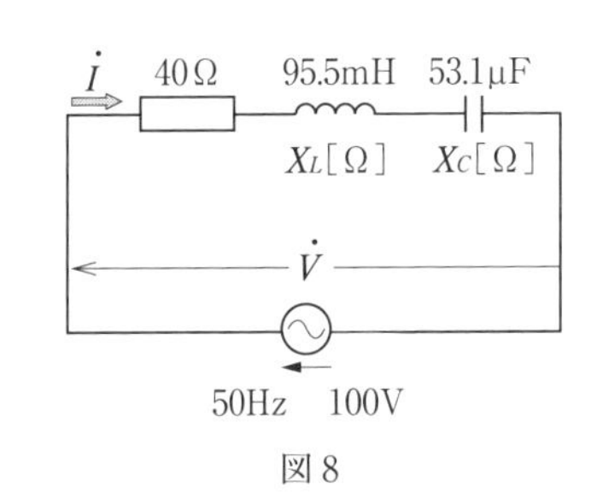

図 8

(2)　インピーダンス Z [Ω] を求めよ。

(3)　電流 I [A] を求めよ。

(4)　電圧 $\dot{V}$ と電流 $\dot{I}$ を表すベクトル図を書きなさい。

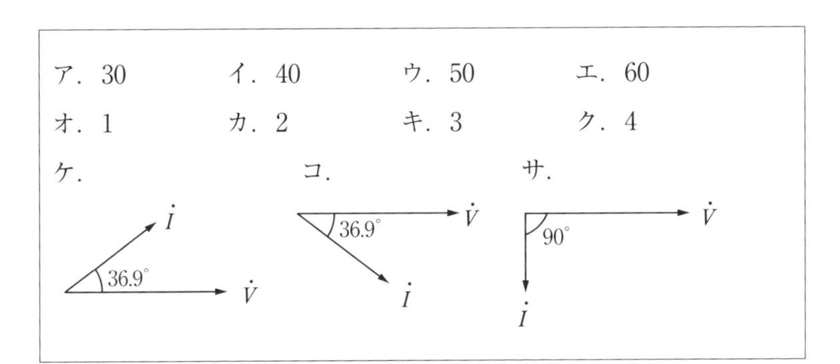

(1)	
(2)	
(3)	
(4)	

7 図9の回路について，次の問いに答えよ。

(1) 線間電圧 V_l [V] を求めよ。

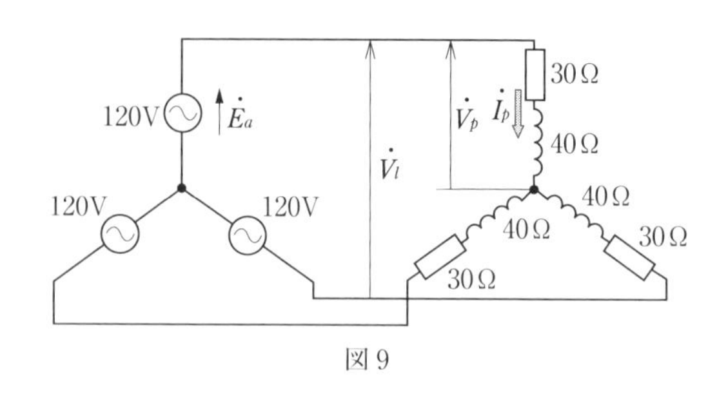

図9

(2) 負荷の力率 [%] を求めよ。

(3) 相電流 I_p [A] を求めよ。

(4) 負荷の消費電力 P [W] を求めよ。

ア．120	イ．125	ウ．208	エ．308
オ．0.6	カ．0.8	キ．60	ク．80
ケ．1	コ．2.4	サ．3.6	シ．4
ス．299	セ．518	ソ．691	タ．864

(1)	
(2)	
(3)	
(4)	

8 図10の回路について，次の問いに答えよ。

(1) 負荷の力率 [%] を求めよ。

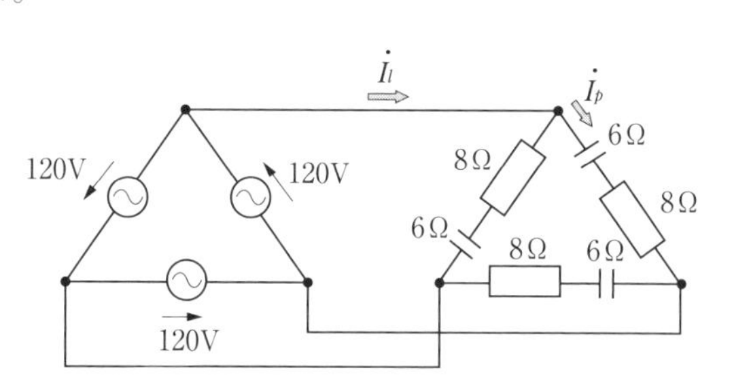

図10

(2) 相電流 I_p [A] を求めよ。

(3) 線電流 I_l [A] を求めよ。

(4) 負荷の消費電力 P [W] を求めよ。

ア．0.6	イ．0.8	ウ．1.2	エ．2.08
オ．3.6	カ．8.57	キ．12	ク．20.8
ケ．24	コ．36	サ．60	シ．80
ス．2000	セ．2590	ソ．3460	タ．4320

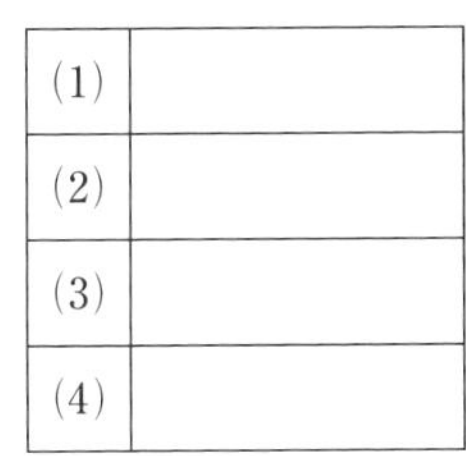

(1)	
(2)	
(3)	
(4)	

9 図11の回路について，次の問いに答えよ。ただし，数値は何回使用してもよい。

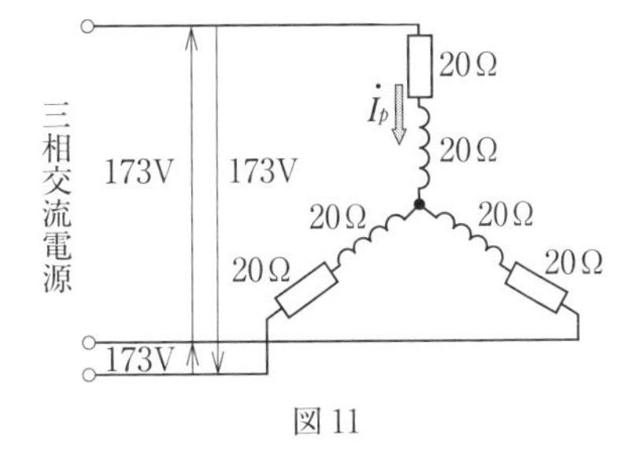

図11

(1) 相電流 I_p [A] を求めよ。

(2) 負荷の力率を求めよ。

(3) 負荷の消費電力 P [W] を求めよ。

(4) 負荷の無効電力 Q [var] を求めよ。

(5) この負荷と等価な Δ 結線負荷の一相分のインピーダンス $\dot{Z}_\Delta$ [Ω] を記号法 $(a \pm jb)$ で求めよ。

ア．3.53	イ．5	ウ．7.07	エ．10
オ．0.577	カ．0.6	キ．0.707	ク．0.866
ケ．500	コ．749	サ．1200	シ．1500
ス．$11.5 + j11.5$	セ．$11.5 - j11.5$	ソ．$60 + j60$	
タ．$60 - j60$			

(1)	
(2)	
(3)	
(4)	
(5)	

第6章　電気計測

1　測定量の取り扱い（教科書　p. 184～187）

1　測定とは（p. 184～185）　2　測定値の取り扱い（p. 186～187）

1　次の文の（　　）に適切な用語，数値または式を下記の語群から選んで記入せよ。

(1)　電気に関する量を測定する電気計測では，各種の(1　　　　)を基準にして計測を行う。

(2)　単位は世界各国どこでも共通に用いられるように，国際的な取り決めに基づいた単位系を(2　　　　)単位系または(3　　　　)という。

(3)　国際単位系では，七つの(4　　　　)を定め，このほかの単位は，(5　　　　)として定義している。

(4)　測定値を M，真の値を T とすると，誤差 ε は次のように表される。

$\varepsilon =$ (6　　　　)

また，誤差率は次のように表される。

誤差率 ＝(7　　　　)

(5)　測定値として 10.3 を得た。この場合 10.3 という数値は(8　　　　)～(9　　　　)の範囲の値であると考えられる。この 10.3 という数を(10　　　　)数字という。

(6)　階級指数が 0.5 の電気計器は，全目盛において誤差が最大目盛の(11　　　　) %以下であることを示す。

【語群】　国際　　標準器　　基本単位　　有効　　組立単位

0.5　　10.25　　10.34　　$M-T$　　SI　　$\dfrac{\varepsilon}{T}$

2　真の値 T が 100 V の電圧を測定したところ，102 V であった。誤差 ε および誤差率を求めよ。

3　最大目盛が 100 V，階級指数が 0.5 の直流電圧計がある。いま，50 V と読み取ったとき，真の値の範囲を求めよ。

2 電気計器の原理と構造 (教科書　p. 188〜195)

1 指示計器の分類と接続方法 (p. 188〜189)
2 永久磁石可動コイル形計器と可動鉄片形計器 (p. 190〜191)
3 整流形計器と電子電圧計 (p. 192〜193)　4 ディジタル計器 (p. 194〜195)

1 次の文の (　　) に適切な用語または式を下記の語群から選んで記入せよ。

(1) 電流計や電圧計は，測定値を指針で読み取るアナログ式の(1　　　　)計器と，測定値を数字で読み取る(2　　　　)計器に大別できる。

(2) 永久磁石可動コイル形計器は，可動コイルの回転力である(3　　　　)が電流 I [A] に比例する。また，指針をもとに戻そうとする力である(4　　　　)が指針の触れ θ に比例する。指針はこの二つの力がつり合ったところで止まる。したがって，指針の振れは電流の大きさに比例する。

(3) 可動鉄片形計器は，計器の外の磁界の影響を受けるため，(5　　　　)が必要である。また，この計器の指針は，実効値に比例して振れるので(6　　　　)形とよばれる。

(4) 整流形計器の指針は，電流の平均値に比例して振れるので，(7　　　　)形とよばれる。しかし，実際の目盛については(8　　　　)で示してある。

(5) ディジタル計器は，アナログ計器に比べて，高い(9　　　　)が得られる，(10　　　　)誤差がない，(11　　　　)処理に適しているなどの特徴がある。

【語群】 磁気遮へい　コンピュータ　指示（アナログ）　実効値　実効値応答
制御トルク　ディジタル　精度　平均値応答　読取り　駆動トルク

2 (1)〜(3)の記号の計器に対応するA群，B群，C群を線で結びなさい。

	A群（動作原理）	B群（使用回路）	C群（交流・直流による指示）
(1)	㋐ 永久磁石の磁界と電流との間の電磁力	ⓐ 直流	① 実効値
(2)	㋑ 磁界中の鉄片に働く電磁力	ⓑ 交流	② 平均値
(3)	㋒ 永久磁石可動コイル形計器とダイオードの組み合わせ	ⓒ 交流（直流）	③ 直流

3 基礎量の測定 （教科書 p. 196～204）

1 抵抗の測定 （p. 196～197）

2 インダクタンス・静電容量と周波数の測定 （p. 198～199）

3 電力と電力量の測定 （p. 200～201）

1 次の文の（　）に適切な用語または記号を下記の語群から選んで記入せよ。

(1) アナログテスタで電気量を測定する場合，まず，測定端子棒どうしを接触し，指針の振れが0になるように(1　　　)調整つまみによって調整する。

(2) 電気機器などの絶縁抵抗は，一般に(2　　　)Ωの単位で測定する。絶縁抵抗の測定には(3　　　)が用いられる。

(3) 交流ブリッジの原理図を図1に示す。未知インピーダンス$\dot{Z}_x$は，検出器Dの振れが0になるように$\dot{Z}_1$～$\dot{Z}_3$を調整すると，次の式で求められる。

$$\dot{Z}_x = \frac{(4\qquad)}{(6\qquad)}(5\qquad)$$

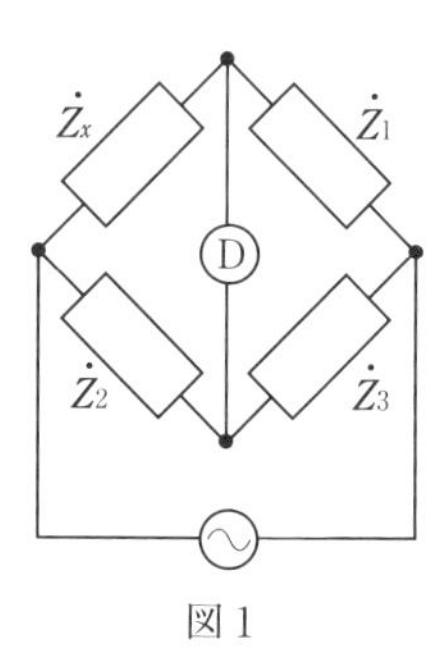

図1

(4) インダクタンスや静電容量の測定には，(7　　　)ブリッジを用いた計器が広く使われていたが，平衡させるための操作が容易ではないため，測定のための調整が自動で行われる(8　　　)が利用されることが多くなっている。

(5) アナログ式の周波数計では，およそ20～500(9　　　)の範囲の周波数が測定対象であるが，ディジタル周波数計では数(10　　　)までの測定ができる。

【語群】 交流　LCRメータ　絶縁抵抗計　0Ω　直流
M　$\dot{Z}_1$　$\dot{Z}_2$　$\dot{Z}_3$　Hz　MHz　GHz

2 電力計，電力量計について，次の（　）に適切な用語を入れよ。

(1) 電力計には，(1　　　)コイル端子と，(2　　　)コイル端子があり，負荷側と電源側に接続されている。指針の回転角は，負荷電流と負荷電圧の(3　　　)に比例するため，(4　　　)を測定することができる。

(2) 電力量計は，(5　　　)円板に生じる(6　　　)と磁界の相互作用で，電磁力が生じ，円板が回転する。円板の回転速度は(7　　　)に比例するため，回転数を計測すれば，(8　　　)を測定することができる。

(3) 電力量計は，近年，(9　　　)とよばれる計器に置き換わってきている。

4 オシロスコープの種類と特徴 (p. 202〜203)

5 オシロスコープによる波形の観測 (p. 204)

1 次の文の (　　) に適切な用語を下記の語群から選んで記入せよ。ただし，用語は何回使用してもよい。

(1) オシロスコープは，時間の経過にともなう (1　　　　) の変化を画面に (2　　　　) として表示する計器である。

(2) オシロスコープには，(3　　　　) オシロスコープと，(4　　　　) オシロスコープがある。

(3) ディジタルオシロスコープの特徴は，波形データを (5　　　　) するので，1 回だけ変化するような (6　　　　) の測定ができる。またコンピュータとの連携により複雑な (7　　　　) も可能である。

(4) ディジタルオシロスコープでは，入力信号は (8　　　　) により (9　　　　) データに変換されたあと (10　　　　) にたくわえられる。その後，(11　　　　) を行ってから，(12　　　　) で入力信号の波形が表示される。

【語群】 アナログ　表示装置　A-D 変換器　波形　蓄積　電圧
ディジタル　記憶装置　現象　データ処理　波形解析

2 図 2 はオシロスコープの蛍光面に現れている波形を示している。次の問いに答えよ。

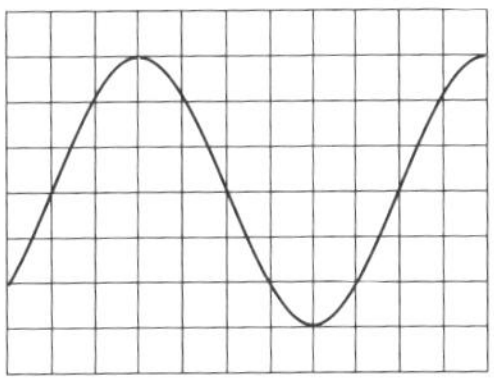

(1) 0.2 V/div，5 ms/div とはどういう意味か。

(2) 最大値 V_m [V] を求めよ。

(3) 実効値 V [V] を求めよ。

(4) 周期 T [ms] を求めよ。

(5) 周波数 f [Hz] を求めよ。

0.2V/div，5ms/div

図 2

第7章　非正弦波交流と過渡現象

1　非正弦波交流　（教科書　p. 208～213）

1　非正弦波交流とは　（p. 208～209）

1　次の文の（　　）に適切な用語を下記の語群から選んで記入せよ。

(1)　正弦波交流は，電気回路を流れることによって，ひずみを受けることがある。このようにして発生する波形を（1　　　　　）という。

(2)　次の非正弦波交流は，①（2　　　　），②（3　　　　），③（4　　　　）という。

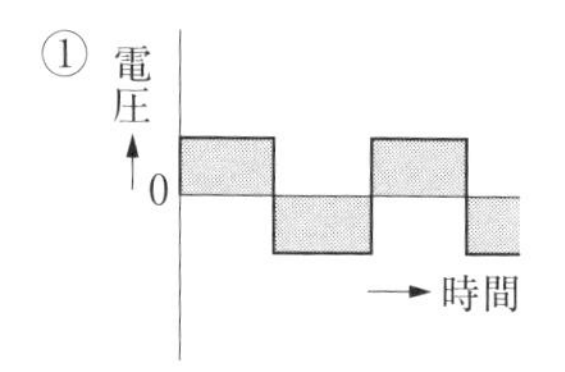

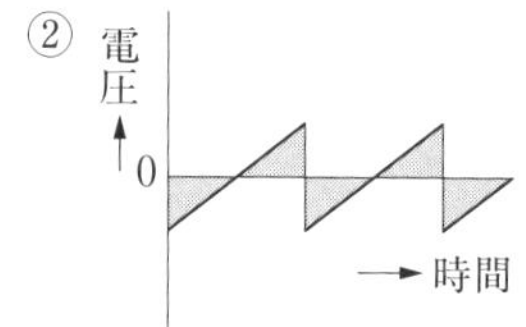

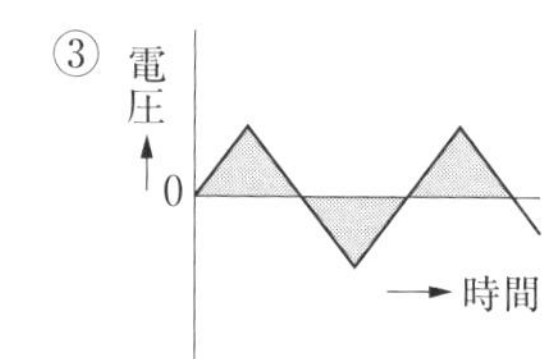

【語群】　のこぎり波　　三角波　　方形波　　非正弦波交流

2　非正弦波交流の成分　（p. 210～211）

1　次の文の（　　）に適切な用語を下記の語群から選んで記入せよ。

非正弦波交流電圧 v [V] は，次のような三角関数を用いて表すことができる。

$$v = V_0 + V_1\sin(\omega t + \phi_1) + V_2\sin(2\omega t + \phi_2) + V_3\sin(3\omega t + \phi_3) + \cdots + V_n\sin(n\omega t + \phi_n) + \cdots \text{ [V]}$$

上式の V_0 は（1　　　　　）分，第2項は（2　　　　　）波，第3項以降は（3　　　　　）波といい，基本波の2倍の周波数の成分，3倍の周波数成分をそれぞれ（4　　　　）調波，（5　　　　）調波という。

また，基本波に対して奇数の周波数をもつ高調波を（6　　　　）調波，偶数の場合を（7　　　　）調波という。

【語群】　奇数　　基本　　偶数　　高調　　第2　　第3　　直流

2　非正弦波交流 i [A] が次のように表されるとき，

$$i = I_0 + I_1\sin 2\pi ft + I_2\sin 4\pi ft + I_3\sin 6\pi ft + \cdots + I_n\sin 2n\pi ft + \cdots \text{ [A]}$$

直流分，基本波，第3調波を求めよ。

3 非正弦波交流の実効値とひずみ率 (p. 212〜213)

1 次の文の（　　）に適切な用語を下記の語群から選んで記入せよ。

(1) 非正弦波交流の電圧や電流が，正弦波交流とくらべてどのくらいひずんでいるか，その割合を示す値を(1　　　　　　)という。

(2) 非正弦波交流電圧の(2　　　　　)分だけの実効値を V_h，(3　　　　　)の実効値を V_1 とすると，ひずみ率 k は，$k=$ (4　　　　　) $\times 100$ [%] で表される。

【語群】 基本波　　高調波　　ひずみ率　　$\dfrac{V_h}{V_1}$

2 次の式で表される非正弦波交流電圧 v [V] の実効値 V [V] を求めよ。

$$v = 8\sqrt{2}\sin\omega t + 4\sqrt{2}\sin 2\omega t + \sqrt{2}\sin 3\omega t \text{ [V]}$$

3 非正弦波交流電圧の基本波の実効値を V_1 [V]，高調波の実効値を V_2，V_3，V_4 [V] としたとき，ひずみ率 k を求める式を示せ。

4 次の式で表される非正弦波交流電圧のひずみ率 k は何％か。

$$v = 8\sqrt{2}\sin\omega t + 3\sqrt{2}\sin 2\omega t + 2\sqrt{2}\sin 3\omega t \text{ [V]}$$

2 過渡現象 （教科書 p. 214～220）

1 RL 回路の過渡現象 （p. 214～215）

2 RC 回路の過渡現象 （p. 216～217）

1 次の文の（　　）に適切な用語を下記の語群から選んで記入せよ。

(1) 図1(a)の回路において，スイッチSを閉じると，図(b)のように，電流 i は変化しながら一定の値に達する。この場合，$t=0$ のときの電流 $i=0$ を(1　　　　)といい，時間経過後に達した一定の値を(2　　　　)という。また，この状態を定常状態という。

(2) 一定の値に達するまで，電流 i が変化している状態，およびその期間をそれぞれ(3　　　　)，(4　　　　)という。

【語群】 過渡期間　　過渡状態　　初期値　　定常値

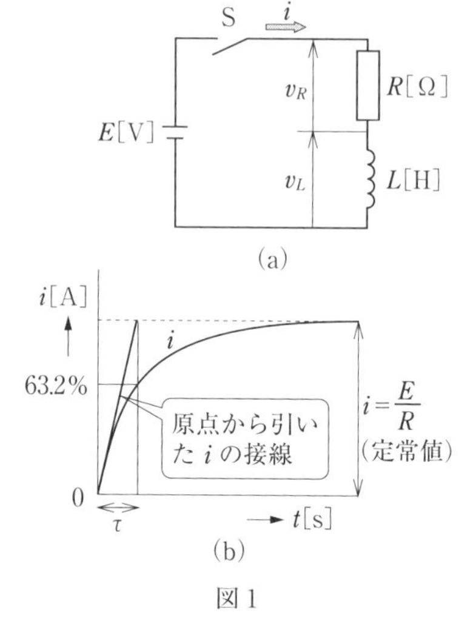

図1

2 次の文の（　　）内に適切な式を入れよ。

(1) 図2の RC 直列回路において，スイッチSを閉じると電流 i は次のようになる。

$$i=\frac{E}{R}\varepsilon^{-\frac{1}{RC}t}\ [\mathrm{A}]$$

したがって v_R，v_C は次のようになる。

$v_R = Ri =$ (1　　　　　　　　　　　　) [V]

$v_C = E - v_R =$ (2　　　　　　　　　　　　) [V]

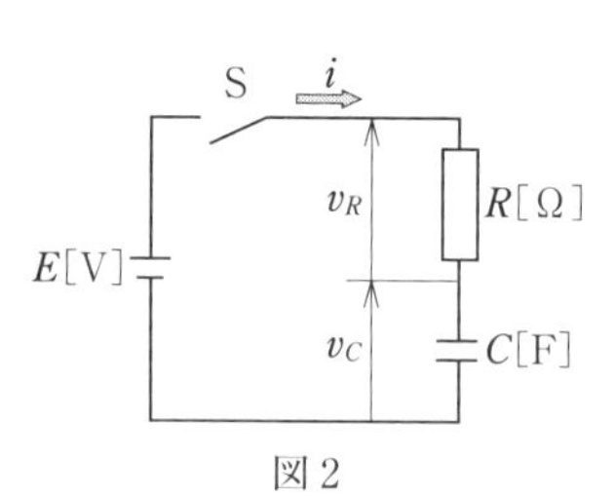

図2

(2) RC 直列回路の時定数 τ は，次の式で表される。

$\tau =$ (3　　　　) [s]

3 微分回路と積分回路 (p. 218〜219)

1 次の文の（　　）に適切な用語，記号を下記の語群から選んで記入せよ。

(1) 図3(a)の回路の入力端子に図(b)の（1　　　　）を加えると，$CR \ll \tau$（タウ）の場合，出力端子には図(b)の（2　　　　）のような波形が現れる。

(2) このような回路を（3　　　　）という。

(3) また，図(a)のコンデンサ C の両端には図(b)の（4　　　　）のような波形が現れる。

(4) 図3の v_i の波形は，理想的なパルスである。

t_w を（5　　　　），T を（6　　　　），$\frac{1}{T}$ を（7　　　　），$\frac{t_w}{T}$ を（8　　　　）という。

【語群】　周期　周波数　衝撃係数　積分回路　パルス幅　微分回路　v_C　v_i　v_R

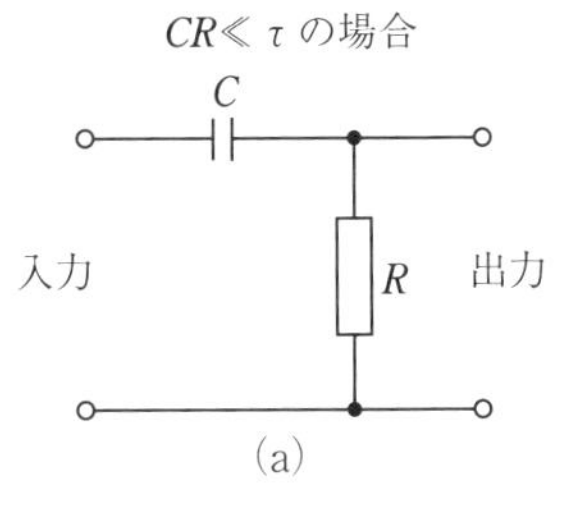

(a)

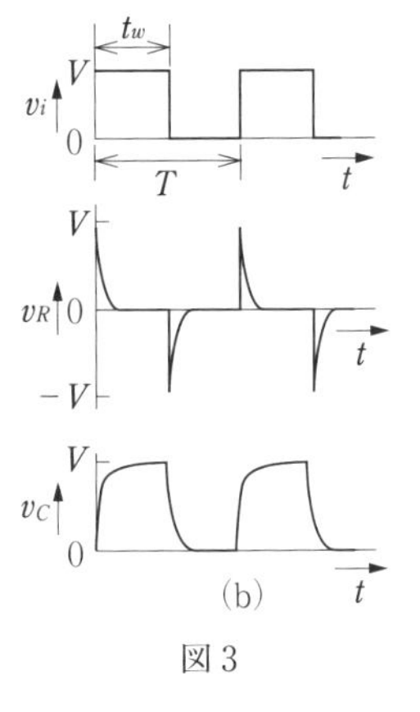

(b)

図3

2 積分回路において，出力波形が図4のようになった。加えた方形波入力電圧のおおよその波形を図5に示せ。

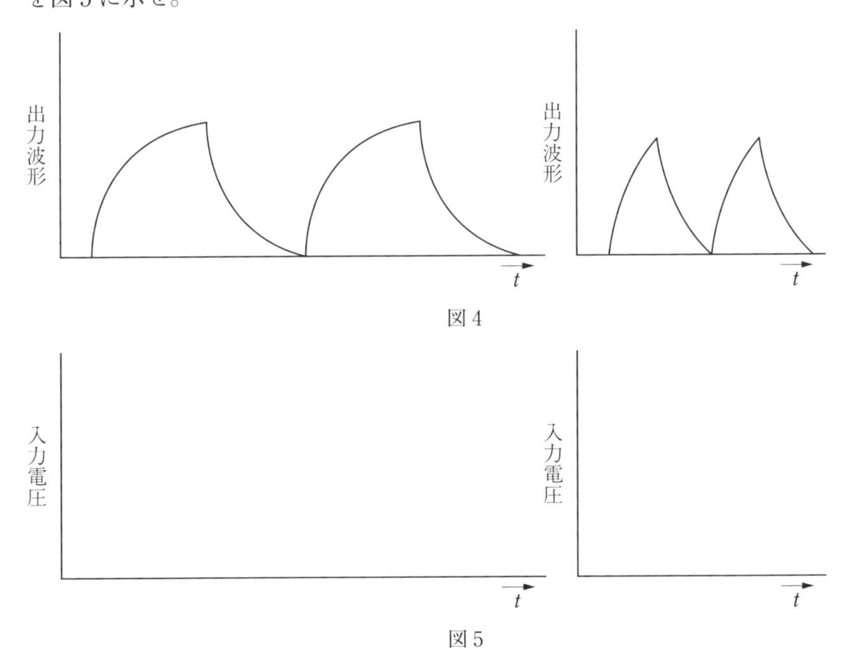

図4

図5

［（工業　722）精選電気回路］準拠

精選電気回路　演習ノート

表紙デザイン
キトミズデザイン

●編　者 —— 実教出版編修部

●発行者 —— 小田良次

●印刷所 —— 株式会社　太　洋　社

●発行所 —— 実教出版株式会社
〒102-8377
東京都千代田区五番町5
電話〈営業〉(03)3238-7777
〈編修〉(03)3238-7854
〈総務〉(03)3238-7700
https://www.jikkyo.co.jp/
002402022

ISBN 978-4-407-36078-3

精選電気回路　演習ノート

解　答　編

実教出版株式会社

ウォーミングアップ　(p.4)

1　1　T　**2**　テラ　**3**　G　**4**　ギガ　**5**　M　**6**　メガ　**7**　m　**8**　ミリ　**9**　μ　**10**　マイクロ　**11**　n　**12**　ナノ　**13**　p　**14**　ピコ

2　1　50　**2**　900　**3**　5000　**4**　5　**5**　0.6　**6**　600

3　1　0.1　**2**　0.001　**3**　0.01　**4**　0.000001

4　(1)　10^{-3}　(2)　10^5　(3)　10^3　(4)　10^6

5　(1)　2×10^3 mm　(2)　5×10^{-4} m^2　(3)　3.6×10^{-3} m^2　(4)　7.9×10^{-1} cm^2　(5)　5×10^{-5} m^3　(6)　1.8×10^7 cm^3

第1章　電気回路の要素　(p.5)

1　電気回路の電流と電圧　(p.5)

1　電気回路とその表し方　(p.5)

1　1　電気回路　**2**　回路　**3**　実体配線図　**4**　電気回路図　**5**　回路図　**6**　日本産業規格

2　(1)　(2)　(3)　(4)

2　電子と電流　(p.5)

1　1　帯電　**2**　電荷　**3**　原子　**4**　原子核　**5**　電子　**6**　導体　**7**　絶縁体　**8**　電子　**9**　逆　**10**　電源　**11**　負荷

2　(1)　$I=\dfrac{Q}{t}=\dfrac{5}{2}=\mathbf{2.5\,A}$

(2)　$I=\dfrac{Q}{t}=\dfrac{0.8}{2}=\mathbf{0.4\,A}$

(3)　$I=\dfrac{Q}{t}=\dfrac{70\times10^{-3}}{2}=\mathbf{35\,mA}$

3　電流と電圧　(p.6)

1　1　一定　**2**　直流　**3**　変化　**4**　交流　**5**　電位　**6**　電位差　**7**　電圧　**8**　V　**9**　起電力　**10**　E　**11**　V

2　直流：②，③　　交流：①，④

3　$V_B=\mathbf{1.5\,V}$　$V_C=\mathbf{4.5\,V}$

2　電気回路を構成する素子　(p.7)

1　抵抗の役割と導体の抵抗率　(p.7)

1　1　電気抵抗　**2**　抵抗　**3**　Ω　**4**　比例　**5**　反比例　**6**　$\dfrac{l}{A}$　**7**　定数　**8**　1 m　**9**　1 m^2　**10**　抵抗　**11**　Ω·m

2　(1)　$R=\rho\dfrac{l}{A}=1.69\times10^{-8}\times\dfrac{400}{43\times10^{-6}}$

$=\dfrac{1.69\times4}{43}=\mathbf{0.157\,\Omega}$

(2)　$R=\rho\dfrac{l}{A}=1.69\times10^{-8}\times\dfrac{2000}{43\times10^{-6}}$

$=\dfrac{1.69\times20}{43}=\mathbf{0.786\,\Omega}$

3　27.1 mm^2 $=27.1\times10^{-6}$ m^2 であるから，

$R=\rho\dfrac{l}{A}=2.71\times10^{-8}\times\dfrac{200}{27.1\times10^{-6}}$

$=\dfrac{2.71\times2}{27.1}=\mathbf{0.2\,\Omega}$

4　(1)　断面積 A[m^2] は，

$A=\left(\dfrac{3\times10^{-3}}{2}\right)^2\pi=\dfrac{9\times10^{-6}}{4}\pi$ m^2

$R=\rho\dfrac{l}{A}=2.71\times10^{-8}\times\dfrac{4\times400}{9\times10^{-6}\times\pi}$

$=\dfrac{2.71\times4\times4}{9\times3.14}=\mathbf{1.53\,\Omega}$

(2)　断面積 A[m^2] は，

$A=\left(\dfrac{1.2\times10^{-3}}{2}\right)^2\pi=\dfrac{1.44\times10^{-6}}{4}\pi$ m^2

$R=\rho\dfrac{l}{A}=2.71\times10^{-8}\times\dfrac{4\times400}{1.44\times10^{-6}\times\pi}$

$=\dfrac{2.71\times4\times4}{1.44\times3.14}=\mathbf{9.59\,\Omega}$

2　導電率と抵抗の温度係数　(p.8)

1　1　導電率　**2**　S/m　**3**　大きく　**4**　小さく　**5**　温度係数　**6**　R_{t_1}　**7**　α_{t_1}

2　(1)　15 mm^2 $=15\times10^{-6}$ m^2 であるから，

$0.5=\rho\dfrac{300}{15\times10^{-6}}$

$\rho=\dfrac{0.5\times15\times10^{-6}}{300}=\mathbf{2.5\times10^{-8}\,\Omega\cdot m}$

(2)　$\sigma=\dfrac{1}{\rho}=\dfrac{1}{2.5\times10^{-8}}=\mathbf{4\times10^7\,S/m}$

3　$R_{70}=R_{20}\{1+\alpha(70-20)\}$

$=10\times\{1+4.39\times10^{-3}\times(70-20)\}$

$=10\times(1+4.39\times10^{-3}\times50)=\mathbf{12.2\,\Omega}$

4 $R_{80} = R_{20}\{1 + \alpha(80 - 20)\}$

$= 10 \times \{1 + 4.2 \times 10^{-3} \times (80 - 20)\}$

$= 10 \times (1 + 4.2 \times 10^{-3} \times 60) = \mathbf{12.5\,\Omega}$

3 コンデンサとコイルの役割 (p.8)

1 1 たくわえ 2 放出 3 静電容量 4 F 5 インダクタンス 6 H

章末問題1 (p.9)

1 (回路図例)

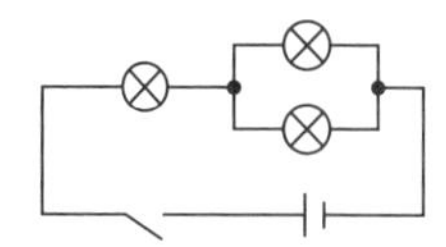

2 $I = \dfrac{Q}{t} = \dfrac{12 \times 10^{-3}}{3} = 4 \times 10^{-3}\,\text{A} = \mathbf{4\,mA}$

3 $R = \rho\dfrac{l}{A} = 2.71 \times 10^{-8} \times \dfrac{200}{11 \times 10^{-6}}$

$= \dfrac{2.71 \times 2}{11} = \mathbf{0.493\,\Omega}$

4 $R = \rho\dfrac{l}{A}$ より，l が3倍，A が $\dfrac{1}{4}$ 倍になるので，R' は $3 \times 4 = $ **12倍**になる。

5 $R_{70} = R_{20}\{1 + \alpha(70 - 20)\}$

$= 4 \times \{1 + 4.39 \times 10^{-3} \times (70 - 20)\}$

$= 4 \times (1 + 4.39 \times 10^{-3} \times 50) = \mathbf{4.88\,\Omega}$

6 コンデンサ…(②，③，⑥)

コイル…(①，④，⑤)

章末問題2 (p.10)

1 $Q = It$ より，$Q = 5 \times 90 = \mathbf{450\,C}$

2 $Q = It$ より，$Q = 0.04 \times 10 = 0.4\,\text{C}$

電子の個数は $\dfrac{0.4}{1.6 \times 10^{-19}} = \mathbf{2.5 \times 10^{18}}$ **個**

3 $R = \rho\dfrac{l}{A}$ より，直径が2倍になると，断面積 A は4倍になるので，それだけでは抵抗は $\dfrac{1}{4}$ 倍になる。よって，もとの抵抗線と同じ抵抗値にするには，長さを**4倍**にすればよい。

4 $R_{70} = R_{20}\{1 + \alpha(70 - 20)\}$

$= 0.5 \times \{1 + 0.004 \times (70 - 20)\}$

$= 0.5 \times (1 + 0.004 \times 50) = \mathbf{0.6\,\Omega}$

1	シ	2	ソ	3	キ	4	ウ

第2章 直流回路 (p.11)

1 直流回路の計算 (p.11)

1 オームの法則 (p.11)

1 1 比例 2 反比例 3 オームの法則 4 $\dfrac{V}{R}$ 5 RI 6 電圧降下

2 (1) $I = \dfrac{V}{R} = \dfrac{100}{20} = \mathbf{5\,A}$

(2) $I = \dfrac{V}{R} = \dfrac{5}{20} = \mathbf{0.25\,A}$

(3) $I = \dfrac{V}{R} = \dfrac{700 \times 10^{-3}}{20} = 35 \times 10^{-3}\,\text{A} = \mathbf{35\,mA}$

3 (1) $R = \dfrac{V}{I} = \dfrac{10}{2} = \mathbf{5\,\Omega}$

(2) $R = \dfrac{V}{I} = \dfrac{10}{5 \times 10^{-3}} = 2 \times 10^{3}\,\Omega = \mathbf{2\,k\Omega}$

(3) $R = \dfrac{V}{I} = \dfrac{10}{400 \times 10^{-6}} = \mathbf{0.025 \times 10^{6}\,\Omega}$

$= 25 \times 10^{3}\,\Omega = \mathbf{25\,k\Omega}$

4 (1) $V = RI = 10 \times 1 = \mathbf{10\,V}$

(2) $V = RI = 10 \times 20 \times 10^{-3} = \mathbf{0.2\,V}$

(3) $V = RI = 10 \times 500 \times 10^{-6} = 5 \times 10^{-3}\,\text{V} = \mathbf{5\,mV}$

2 抵抗の直列接続 (p.12)

1 1 $R_1 + R_2$ 2 V 3 V 4 R_1 5 R_2

2 (1) $R_0 = R_1 + R_2 = 15 + 10 = \mathbf{25\,\Omega}$

(2) $I = \dfrac{V}{R_0} = \dfrac{100}{25} = \mathbf{4\,A}$

(3) $V_2 = R_2 I = 10 \times 4 = \mathbf{40\,V}$

3 (1) $V_2 = V - V_1 = 60 - 42 = \mathbf{18\,V}$

(2) $I = \dfrac{V_2}{R_2} = \dfrac{18}{6} = \mathbf{3\,A}$

(3) $R_1 = \dfrac{V_1}{I} = \dfrac{42}{3} = \mathbf{14\,\Omega}$

3 抵抗の並列接続 (p.13)

1 1 $\dfrac{1}{\dfrac{1}{R_1} + \dfrac{1}{R_2}}$ 2 同じ

2 1 $R_1 + R_2$ 2 $R_1 + R_2$ 3 V 4 R_1R_2 5 R_2 6 R_1

3 $R_0 = \dfrac{R_1R_2}{R_1 + R_2} = \dfrac{8 \times 10^{3} \times 12 \times 10^{3}}{(8 + 12) \times 10^{3}}$

$= \dfrac{8 \times 12 \times 10^{3}}{20} = \mathbf{4.8\,k\Omega}$

4 (1) $I_1 = \dfrac{R_2}{R_1 + R_2}I = \dfrac{10}{20 + 10} \times 6$

$= \dfrac{10}{30} \times 6 = \mathbf{2\,A}$

(2) $I_2 = I - I_1 = 6 - 2$

$= \mathbf{4\,A}$

4 抵抗の直並列接続 (p.14)

1 (1) $I_1=\frac{R_2}{R_1+R_2}I=\frac{20}{30+20}\times 5$

$=\frac{20}{50}\times 5=\mathbf{2\,A}$

(2) $I_2=I-I_1=5-2=\mathbf{3\,A}$

(3) $V=5\times 8+2\times 30=40+60=\mathbf{100\,V}$

2 (1) $R_2+\frac{R_3R_4}{R_3+R_4}=12+\frac{10\times 40}{10+40}$

$=12+\frac{400}{50}$

$=12+8=20\,\Omega$

$R_0=\frac{30\times 20}{30+20}=\frac{600}{50}=\mathbf{12\,\Omega}$

(2) $V=R_0I=12\times 5=\mathbf{60\,V}$

(3) $I_1=\frac{V}{R_1}=\frac{60}{30}=\mathbf{2\,A}$

(4) $I_2=I-I_1=5-2=\mathbf{3\,A}$

(5) $I_3=\frac{R_4}{R_3+R_4}I_2=\frac{40}{10+40}\times 3$

$=\frac{40}{50}\times 3=\mathbf{2.4\,A}$

(6) $I_4=I_2-I_3=3-2.4=\mathbf{0.6\,A}$

3 (1) $\frac{10\times(5+5)}{10+(5+5)}=\frac{10\times 10}{10+10}=\frac{100}{20}$

$=5\,\Omega$

$R_0=10+5+15=\mathbf{30\,\Omega}$

(2) $I_1=\frac{60}{30}=\mathbf{2\,A}$

(3) $I_2=2\times\frac{10}{10+10}=\mathbf{1\,A}$

4 (1) (a) $R_0=4+4+24+4+4=\mathbf{40\,\Omega}$

(b) $I=\frac{V}{R_0}=\frac{48}{40}=\mathbf{1.2\,A}$

(2) (a) $R_0=4+\frac{32\times(4+24+4)}{32+(4+24+4)}+4$

$=4+\frac{32\times 32}{32+32}+4$

$=4+16+4=\mathbf{24\,\Omega}$

(b) $I=\frac{V}{R_0}=\frac{48}{24}=\mathbf{2\,A}$

(c) $I_1=\frac{32}{32+32}I=\frac{32}{64}\times 2=\mathbf{1\,A}$

5 直列抵抗器と分流器 (p.16)

1 1 直列 2 r_m+r_v 3 r_m+r_v

4 $\left(1+\frac{r_m}{r_v}\right)$ 5 r_m

2 (1) $m=\frac{V}{V_v}=\frac{300}{30}=10$

$r_m=r_v(m-1)=60\times 10^3\times(10-1)$

$=\mathbf{540\,k\Omega}$

(2) $m=\frac{V}{V_v}=\frac{1000}{30}=\frac{100}{3}$

$r_m=r_v(m-1)=60\times 10^3\times\left(\frac{100}{3}-1\right)$

$=\mathbf{1.94\times 10^3\,k\Omega}$

3 (1) $m=\frac{V}{V_v}=\frac{10}{3}$

$r_{m1}=r_v(m-1)=30\times 10^3\times\left(\frac{10}{3}-1\right)$

$=\mathbf{70\,k\Omega}$

(2) $m=\frac{V}{V_v}=\frac{30}{3}=10$

$r_{m1}+r_{m2}=r_v(m-1)=30\times 10^3\times(10-1)$

$=\mathbf{270\,k\Omega}$

$r_{m2}=270\times 10^3-r_{m1}$

$=270\times 10^3-70\times 10^3=\mathbf{200\,k\Omega}$

4 1 並列 2 r_s 3 r_s 4 r_s 5 $\left(1+\frac{r_a}{r_s}\right)$

6 r_s

5 (1) $m=\frac{I}{I_a}=\frac{300}{100}=3$

$r_s=\frac{r_a}{m-1}=\frac{8}{3-1}$

$=\mathbf{4\,\Omega}$

(2) $m=\frac{I}{I_a}=\frac{600}{100}=6$

$r_s=\frac{r_a}{m-1}=\frac{8}{6-1}$

$=\mathbf{1.6\,\Omega}$

6 (1) $m=1+\frac{r_a}{r_s}=1+\frac{10}{10}=2$

$I=mI_a=2\times 30\times 10^{-3}=\mathbf{60\,mA}$

(2) $m=1+\frac{r_a}{r_s}=1+\frac{10}{5}=3$

$I=mI_a=3\times 30\times 10^{-3}=\mathbf{90\,mA}$

6 ブリッジ回路 (p.18)

1 1 R_3I_2 2 R_4I_2 3 流れない 4 R_3I_2

5 R_4I_2 6 R_2R_3

2 (1) $4R=2\times 6$ $R=\mathbf{3\,\Omega}$

(2) $I_1=\frac{30}{2+3}=\frac{30}{5}=\mathbf{6\,A}$

(3) $I_2=\frac{30}{4+6}=\frac{30}{10}=\mathbf{3\,A}$

(4) $V_b=RI_1=3\times 6=\mathbf{18\,V}$

7 キルヒホッフの法則 (p.18)

1 1 電流 2 流入 3 和 4 電圧

5 閉 6 起電力 7 和

8 キルヒホッフの法則を用いた電流の計算

(p. 19)

1 (1) **1** I_3 **2** $2I_1+5I_3$ **3** $2I_1+2I_2$

(2) $\begin{cases} I_1=I_2+I_3 & \cdots ① \\ 2I_1+5I_3=8 & \cdots ② \\ 2I_1+2I_2=4 & \cdots ③ \end{cases}$

①式を変形

$I_2=I_1-I_3$ …④

③式へ④式を代入

$2I_1+2(I_1-I_3)=4$ …⑤

②式 × 2 − ⑤式，I_1 を消去

$$\begin{array}{rl} & 4I_1+10I_3=16 \\ -) & 4I_1-2I_3=4 \\ \hline & 12I_3=12 \end{array}$$

$I_3=1$ ……⑥

⑤式へ⑥式を代入

$4I_1-2\times1=4$

$4I_1=6$　　$I_1=1.5$ ……⑦

④式へ⑥式と⑦式を代入

$I_2=1.5-1$

$I_2=0.5$ ……⑧

⑥式，⑦式，⑧式より

$I_1=$ **1.5 A**，$I_2=$ **0.5 A**，$I_3=$ **1 A**

2 $\begin{cases} I_1+I_2=I_3 & \cdots ① \\ 5I_1+2I_3=8 & \cdots ② \\ 2I_2+2I_3=4 & \cdots ③ \end{cases}$

①式を変形

$I_1=I_3-I_2$ ……④

②式へ④式を代入

$5(I_3-I_2)+2I_3=8$

$5I_3-5I_2+2I_3=8$

$-5I_2+7I_3=8$ ……⑤

③式 × 5 + ⑤式 × 2，I_2 を消去

$$\begin{array}{rl} & 10I_2+10I_3=20 \\ +) & -10I_2+14I_3=16 \\ \hline & 24I_3=36 \end{array}$$

$I_3=\dfrac{36}{24}=1.5$ ……⑥

③式へ⑥式を代入

$2I_2+2\times1.5=4$

$2I_2=1$　　$I_2=0.5$ ……⑦

④式へ⑥式と⑦式を代入

$I_1=1.5-0.5$

$I_1=1$ ……⑧

⑥式，⑦式，⑧式より

$I_1=$ **1 A**，$I_2=$ **0.5 A**，$I_3=$ **1.5 A**

3 $\begin{cases} I_1+I_2=I_3 & \cdots ① \\ 6I_2-2I_1=6-4 & \cdots ② \\ 6I_2+I_3=8-4 & \cdots ③ \end{cases}$

②式を変形

$-2I_1+6I_2=2$ ……④

③式を変形

$6I_2+I_3=4$ ……⑤

⑤式へ①式を代入

$6I_2+I_1+I_2=4$

$I_1+7I_2=4$ ……⑥

④式 + ⑥式 × 2，I_1 を消去

$$\begin{array}{rl} & -2I_1+6I_2=2 \\ +) & 2I_1+14I_2=8 \\ \hline & 20I_2=10 \end{array}$$

$I_2=0.5$ ……⑦

⑥式へ⑦式を代入

$I_1+7\times0.5=4$

$I_1+3.5=4$　　$I_1=0.5$ ……⑧

①式へ⑦式と⑧式を代入

$I_3=0.5+0.5=1$ ……⑨

⑦式，⑧式，⑨式より

$I_1=$ **0.5 A**，$I_2=$ **0.5 A**，$I_3=$ **1 A**

2 消費電力と発生熱量 (p. 20)

1 電力と電力量 (p. 20)

1 **1** VI **2** $\dfrac{V^2}{R}$ **3** I^2R **4** Pt

5 W·s **6, 7** W·h，kW·h（順不同）

2 (1) (a) $I=\dfrac{V}{R}=\dfrac{70}{30+20}=$ **1.4 A**

(b) $P=I^2R=1.4^2\times20=$ **39.2 W**

(2) (a) $\dfrac{30R}{30+R}+20=35$　　$\dfrac{30R}{30+R}=15$

$30R=15\times(30+R)$

$30R=450+15R$

$15R=450$　　$R=$ **30 Ω**

(b) 抵抗 R に流れる電流 I_R は

$I_R=\dfrac{30}{30+30}\times\dfrac{70}{35}=1$ A

$P=I_R^2R=1^2\times30=$ **30 W**

3 電熱器の抵抗 R を求めると，

$R=\dfrac{V^2}{P}=\dfrac{100^2}{800}=12.5\,\Omega$

よって，95 V の電圧で使ったときに消費される電力は，$P=\dfrac{V^2}{R}=\dfrac{95\times95}{12.5}=$ **722 W**

4 (1) (a) $R_0 = 8 + \dfrac{20 \times 80}{20 + 80} = 8 + \dfrac{1600}{100}$

$= \mathbf{24\ \Omega}$

(b) $I = \dfrac{V}{R_0} = \dfrac{48}{24} = \mathbf{2\ A}$

(c) $I_1 = \dfrac{80}{20 + 80} \times 2 = \mathbf{1.6\ A}$

(d) $P = I_1^2 R = 1.6^2 \times 20 = \mathbf{51.2\ W}$

(2) (a) $R_0 = \dfrac{8 \times 8}{8 + 8} + 16 = \dfrac{64}{16} + 16 = \mathbf{20\ \Omega}$

(b) $I = \dfrac{V}{R_0} = \dfrac{48}{20} = \mathbf{2.4\ A}$

(c) $I_1 = \dfrac{80}{20 + 80} \times 2.4 = \mathbf{1.92\ A}$

(d) $P = I_1^2 R = 1.92^2 \times 20 = \mathbf{73.7\ W}$

5 (1) (a) $I = \dfrac{V}{R} = \dfrac{60}{60 + 40} = \mathbf{0.6\ A}$

(b) $P = I^2 R = 0.6^2 \times 40 = \mathbf{14.4\ W}$

(2) (a) 電流を2倍にするとは，回路の合成抵抗を$\dfrac{1}{2}$にすることにほかならない。

よって，$\dfrac{60R}{60 + R} + 40 = 50$　　$\dfrac{60R}{60 + R} = 10$

$60R = 600 + 10R$　　$50R = 600$　　$R = \mathbf{12\ \Omega}$

(b) 抵抗Rに流れる電流I_1は，

$I_1 = \dfrac{60}{60 + 12} \times \dfrac{60}{50} = \dfrac{60}{72} \times \dfrac{60}{50} = 1\ \mathrm{A}$

よって，抵抗Rで消費する電力Pは，

$P = I^2 R = 1^2 \times 12 = \mathbf{12\ W}$

6 $1\ \mathrm{kW \cdot h} = 1000\ \mathrm{W \cdot h}$であるから，

$t = \dfrac{1000\ \mathrm{W \cdot h}}{400\ \mathrm{W}} = \mathbf{2.5\ h}$

7 $800\ \mathrm{W} = 0.8\ \mathrm{kW}$，

20分 $= \dfrac{1}{3}$ hであるから，電力量Wは，

$W = Pt = 0.8\ \mathrm{kW} \times \dfrac{1}{3}\ \mathrm{h} \times 30 = \mathbf{8\ kW \cdot h}$

8 $800\ \mathrm{W} = 800\ \mathrm{J/s} = 8 \times 10^2\ \mathrm{J/s}$

20分 × 30 = 600分 $= 36000\ \mathrm{s} = 3.6 \times 10^4\ \mathrm{s}$

であるから，電力量Wは，

$W = Pt = 8 \times 10^2\ \mathrm{J/s} \times 3.6 \times 10^4\ \mathrm{s}$

$= 28.8 \times 10^6\ \mathrm{J}$

$= \mathbf{2.88 \times 10^7\ J}$

2 ジュールの法則 (p.23)

1 1 VIt　2 $\dfrac{V^2}{R}t$　3 RI^2t

2 $1\ \mathrm{kW} = 1000\ \mathrm{W} = 1000\ \mathrm{J/s}$，

5分 $= 5 \times 60\ \mathrm{s} = 300\ \mathrm{s}$，

3 Lの水の質量は，3000 gであるから，

$1000 \times 300 \times 0.8 = 3000 \times 4.19T$

$T = \dfrac{1000 \times 300 \times 0.8}{3000 \times 4.19} = \mathbf{19.1\ ^\circ C}$

3 (1) $R = \dfrac{V^2}{P} = \dfrac{100^2}{400} = \mathbf{25\ \Omega}$

(2) $I = \dfrac{V}{R} = \dfrac{100}{25} = \mathbf{4\ A}$

(3) $400 \times t \times 0.75 = 270 \times 4.19 \times (100 - 20)$

$t = \dfrac{270 \times 4.19 \times 80}{400 \times 0.75} = 302\ \mathrm{s} =$ **5.03分**

(4) $W = Pt = 400 \times 302 = 121 \times 10^3\ \mathrm{W \cdot s}$

$= \mathbf{121\ kW \cdot s}$

3 ジュール熱の利用 (p.24)

1 1 発熱体　2 ニクロム　3 スポット溶接
4 ヒューズ　5 ジュール熱　6 許容電流
7 接触抵抗

4 熱電気現象 (p.24)

1 1 金属　2 温度差　3 熱　4 金属
5 ゼーベック　6 ゼーベック　7 起電力
8 中間金属挿入　9 電気炉　10 熱電
11 発　12 ペルチエ　13 ペルチエ
14 ペルチエ素子

3 電流の化学作用と電池 (p.25)

1 電気分解 (p.25)

1 1 ナトリウム　2 塩化物　3 中　4 正
5 負　6 電離　7 電解質　8 電解液
9 イオン　10 電気分解　11, 12, 13 電気めっき，電解研磨，電解精錬（順不同）

2 電池の種類 (p.25)

1 1 一次　2 充電　3 二次　4 1.1　5 正
6 負　7 正極合剤　8 1.5　9 1.2　10 1.3
11 二酸化鉛　12 鉛　13 セパレータ
14 2　15 直列　16 電流　17 時間
18 積　19 A·h　20 25 A·h　21 リチウム
22 正　23 負　24 リチウムイオン
25 高電圧　26 メモリ効果　27 電気自動車

2 $\dfrac{36}{2} = \mathbf{18\ h}$

3 **3.7 V**

3 その他の電池 (p.26)

1 1 半導体　2 光　3 シリコン
4 0.5～0.8　5, 6 水素，酸素（順不同）
7, 8 天然ガス，石油（順不同）　9 空気中
10 1

章末問題１　(p. 27)

1　全体の合成抵抗が 20 Ω なので，R_1，R_2，R_3 の合成抵抗は 40 Ω になる。よって，R_2 と R_3 の合成抵抗は，40 − 28 = 12 Ω となる。

$\dfrac{18R_2}{R_2 + 18} = 12$ より，

$18R_2 = 12(R_2 + 18)$ となり，$R_2 = \mathbf{36\,\Omega}$

2　$R = 16 + \dfrac{60 \times 40}{60 + 40} = \mathbf{40\,\Omega}$

$I = \dfrac{V}{R} = \dfrac{80}{40} = \mathbf{2\,A}$

$I_2 = \dfrac{R_3}{R_2 + R_3} I = \dfrac{40}{60 + 40} \times 2 = \mathbf{0.8\,A}$

$I_3 = \dfrac{R_2}{R_2 + R_3} I = \dfrac{60}{60 + 40} \times 2 = \mathbf{1.2\,A}$

3　$2R = 6 \times 1$　　$R = \mathbf{3\,\Omega}$

$R_0 = \dfrac{9 \times 3}{9 + 3} = \dfrac{27}{12} = \mathbf{2.25\,\Omega}$

4　$\begin{cases} I_1 + I_2 = I_3 & \cdots\cdots① \\ 16I_1 - 4I_2 = 6 & \cdots\cdots② \\ 16I_1 + 16I_3 = 24 & \cdots\cdots③ \end{cases}$

③式へ①式を代入

$16I_1 + 16(I_1 + I_2) = 24$

$16I_1 + 16I_1 + 16I_2 = 24$

$32I_1 + 16I_2 = 24$　……④

②式 × 2 − ④式，I_1 を消去

$32I_1 - 8I_2 = 12$

$-)\ 32I_1 + 16I_2 = 24$

$-24I_2 = -12$

$I_2 = 0.5$　……⑤

②式へ⑤式を代入

$16I_1 - 4 \times 0.5 = 6$

$16I_1 = 8$

$I_1 = 0.5$　……⑥

①式へ⑤式と⑥式を代入

$I_3 = 0.5 + 0.5$

$I_3 = 1$　……⑦

⑤式，⑥式，⑦式より

$I_1 = \mathbf{0.5\,A}$，$I_2 = \mathbf{0.5\,A}$，$I_3 = \mathbf{1\,A}$

5　100 V，800 W の電熱器の抵抗 R を求めると，

$R = \dfrac{V^2}{P} = \dfrac{100^2}{800} = 12.5\,\Omega$

よって，90 V の電圧で使ったときの消費電力は，

$P = \dfrac{V^2}{R} = \dfrac{90^2}{12.5} = \mathbf{648\,W}$

6　$W = Pt = 800 \times 8 \times 30 = 192000\,\mathrm{W \cdot h}$

$= \mathbf{192\,kW \cdot h}$

7　$H = RI^2t = 15 \times 0.5^2 \times 1 \times 60 \times 60$

$= 13500\,\mathrm{J} = \mathbf{13.5\,kJ}$

8　1 L の水の質量は，1000 g であるから，

$800 \times t \times 0.9 = 1000 \times 4.19 \times (95 - 20)$

$t = \dfrac{1000 \times 4.19 \times 75}{800 \times 0.9} = 436\,\mathrm{s} = \mathbf{7.27\,分}$

章末問題２　(p. 29)

1　(1)　$m = \dfrac{I}{I_a} = \dfrac{300}{100} = 3$

$r_s = \dfrac{r_a}{m - 1} = \dfrac{20}{3 - 1}$

$= \mathbf{10\,\Omega}$

(2)　$m = \dfrac{V}{V_v} = \dfrac{100}{30} = \dfrac{10}{3}$

$r_m = r_v(m - 1) = 60 \times 10^3 \times \left(\dfrac{10}{3} - 1\right)$

$= \mathbf{140\,k\Omega}$

以上より，解答欄は次のようになる。

(1)	ウ
(2)	カ

2　(1)　(a)　抵抗値が同じものを 2 個並列接続するときの合成抵抗は半分となる。よって，

$\dfrac{200}{2} + 100 = 200\,\Omega$

$R_0 = 20 + \dfrac{50 \times 200}{50 + 200} = 20 + \dfrac{50 \times 200}{250}$

$= \mathbf{60\,\Omega}$

(b)　20 Ω の抵抗に流れる電流は，

$I = \dfrac{V}{R_0} = \dfrac{240}{60} = 4\,\mathrm{A}$

よって，$P = I^2R = 4^2 \times 20 = \mathbf{320\,W}$

(c)　$I_1 = \dfrac{200}{200 + 50} \times 4 = \mathbf{3.2\,A}$

(2)　回路の合成抵抗 R_0 を求めると，

$\dfrac{240 \times 240}{R_0} = 1440$

$R_0 = \dfrac{240 \times 240}{1440} = 40\,\Omega$

よって，

$\dfrac{1}{\dfrac{1}{R} + \dfrac{1}{200} + \dfrac{1}{50}} + 20 = 40$

$\dfrac{1}{\dfrac{1}{R} + \dfrac{1}{200} + \dfrac{1}{50}} = 20$

$\dfrac{1}{R} + \dfrac{1}{200} + \dfrac{1}{50} = \dfrac{1}{20}$

$200 + R + 4R = 10R$

$5R = 200$　　$R = \mathbf{40\,\Omega}$

以上より，解答欄は次のようになる。

<table>
<tr><td rowspan="3">(1)</td><td>(a)</td><td>コ</td></tr>
<tr><td>(b)</td><td>シ</td></tr>
<tr><td>(c)</td><td>エ</td></tr>
<tr><td colspan="2">(2)</td><td>ケ</td></tr>
</table>

3 (1) $I_1 = I_2 + I_3$

よって，$I_1 - I_2 - I_3 = 0$

(2) $2I_1 + 4I_3 = 16$

(3) $\begin{cases} I_1 = I_2 + I_3 & \cdots\cdots① \\ 2I_1 + 4I_3 = 16 & \cdots\cdots② \\ -4I_3 + I_2 = 1 & \cdots\cdots③ \end{cases}$

②式へ①式を代入

$2(I_2 + I_3) + 4I_3 = 16$

$2I_2 + 6I_3 = 16 \quad \cdots\cdots④$

③式 × 2 − ④式，I_2 を消去

$$\begin{array}{rr} & 2I_2 - 8I_3 = 2 \\ -) & 2I_2 + 6I_3 = 16 \\ \hline & -14I_3 = -14 \end{array}$$

$I_3 = 1 \quad \cdots\cdots⑤$

③式へ⑤式を代入

$-4 + I_2 = 1$

$I_2 = 5 \quad \cdots\cdots⑥$

①式へ⑤式と⑥式を代入

$I_1 = 5 + 1$

よって，$I_1 = \mathbf{6\ A}$

(4) $V_{ab} = I_3 R = 1 \times 4 = \mathbf{4\ V}$

以上より，解答欄は次のようになる。

(1)	ス
(2)	イ
(3)	シ
(4)	ク

第3章　静電気 (p. 32)

1 電荷とクーロンの法則 (p. 32)

1 静電気 (p. 32)

1 1 電子 2, 3 正，負（順不同） 4 帯電 5 異なる 6 摩擦序列 7 静電気

2 静電誘導と静電遮へい (p. 32)

1 1 はく検電器 2 帯電 3 自由電子 4 正 5 開く 6 同じ 7 自由電子 8 負 9 開く 10 同じ 11 異なる 12 同じ 13 静電誘導 14 中性 15 接地

2 1 正 2 負 3 静電遮へい 4 静電遮へい 5 シールド 6 静電遮へい

3 静電気に関するクーロンの法則 (p. 34)

1 1 反発力 2 吸引力 3 静電力 4 N 5 Q_1Q_2 6 $\frac{1}{r^2}$ 7 $\frac{Q_1Q_2}{r^2}$ 8 $k\frac{Q_1Q_2}{r^2}$ 9 $\frac{1}{4\pi\varepsilon_0}$ 10 9×10^9 11 $9 \times 10^9 \times \frac{Q_1Q_2}{r^2}$ 12 真空 13 比誘電率 14 $\frac{\varepsilon}{\varepsilon_0}$

2 $F = 9 \times 10^9 \times \frac{Q_1Q_2}{r^2}$

$= 9 \times 10^9 \times \frac{5.4 \times 10^{-6} \times 1.23 \times 10^{-6}}{(30 \times 10^{-2})^2}$

$= \mathbf{0.664\ N}$

3 $F = 9 \times 10^9 \times \frac{Q_1Q_2}{r^2}$

$= 9 \times 10^9 \times \frac{2 \times 10^{-6} \times 3 \times 10^{-6}}{(20 \times 10^{-2})^2}$

$= \mathbf{1.35\ N}$

4 $F = 9 \times 10^9 \times \frac{Q_1Q_2}{r^2}$

$= 9 \times 10^9 \times \frac{9 \times 10^{-6} \times 18 \times 10^{-6}}{(90 \times 10^{-2})^2}$

$= \mathbf{1.8\ N}$

5 $9 \times 10^9 \times \frac{Q^2}{(3 \times 10^{-2})^2} = 10$ から

$Q^2 = \frac{10 \times 9 \times 10^{-4}}{9 \times 10^9} = 10^{-12}$

ゆえに，$Q = 10^{-6} = \mathbf{1\ \mu C}$，**反発力**

6 $9 \times 10^9 \times \frac{4 \times 10^{-6} \times 0.8 \times 10^{-6}}{r^2} = 0.18$ から

$r^2 = \frac{9 \times 10^9 \times 4 \times 10^{-6} \times 0.8 \times 10^{-6}}{0.18} = 0.16$

ゆえに，$r = 0.4\ \text{m} = \mathbf{40\ cm}$

7 $\varepsilon_r = \frac{\varepsilon}{\varepsilon_0} = \frac{4.5 \times 10^{-11}}{8.85 \times 10^{-12}} = \mathbf{5.08}$

8 $\varepsilon = \varepsilon_r\varepsilon_0 = 150 \times 8.85 \times 10^{-12}$

$= \mathbf{1.33 \times 10^{-9}\ F/m}$

4 電界 (p.36)

1 1 電界 2 電界の大きさ 3 V/m
4 $\dfrac{1}{4\pi\varepsilon_0\varepsilon_r} \times \dfrac{Q}{r^2}$ 5 $\dfrac{Q}{\varepsilon_r r^2}$ 6 $\dfrac{Q}{\varepsilon_r r^2}$

2 $E = 9 \times 10^9 \times \dfrac{Q}{\varepsilon_r r^2} = 9 \times 10^9 \times \dfrac{5 \times 10^{-6}}{1 \times 1^2}$
$= \mathbf{4.5 \times 10^4\ V/m}$

3 $E = 9 \times 10^9 \times \dfrac{Q}{\varepsilon_r r^2} = 9 \times 10^9 \times \dfrac{2.7 \times 10^{-5}}{1 \times 3^2}$
$= \mathbf{2.7 \times 10^4\ V/m}$

4 $F = QE$ [N]

5 $F = QE = 5 \times 10^{-6} \times 800 = \mathbf{4 \times 10^{-3}\ N}$

5 電気力線 (p.37)

1 1 電気力線 2 向き 3 大きさ 4 反発

6 電束と電束密度 (p.37)

1 1 電束 2 電束密度 3 $\dfrac{Q}{A}$ 4 $\dfrac{Q}{4\pi r^2}$

2 2本, $D = \dfrac{Q}{A} = \dfrac{2}{2 \times 10^{-4}} = \mathbf{10^4\ C/m^2}$

3 $E = 9 \times 10^9 \times \dfrac{Q}{\varepsilon_r r^2} = 9 \times 10^9 \times \dfrac{8 \times 10^{-6}}{1 \times 3^2}$
$= \mathbf{8\ kV/m}$
$D = \dfrac{Q}{4\pi r^2} = \dfrac{8 \times 10^{-6}}{4 \times 3.14 \times 3^2}$
$= \mathbf{7.08 \times 10^{-8}\ C/m^2}$

2 コンデンサ (p.38)

1 静電容量 (p.38)

1 1 コンデンサ 2 充電 3 $\propto V$ 4 CV
5 $\dfrac{Q}{V}$ 6 静電容量 7 F 8 $\varepsilon_0\varepsilon_r\dfrac{A}{l}$
9 $8.85 \times 10^{-12} \times \varepsilon_r\dfrac{A}{l}$

2 $Q = CV = 0.47 \times 10^{-6} \times 100 = \mathbf{47\ \mu C}$

3 $C = \dfrac{Q}{V} = \dfrac{5 \times 10^{-6}}{10} = \mathbf{0.5\ \mu F}$

4 $V = \dfrac{Q}{C} = \dfrac{150 \times 10^{-12}}{50 \times 10^{-12}} = \mathbf{3\ V}$

5 $C = 8.85 \times 10^{-12} \times \varepsilon_r\dfrac{A}{l}$
$= 8.85 \times 10^{-12} \times 1 \times \dfrac{100 \times 10^{-4}}{4 \times 10^{-3}}$
$= 22.1 \times 10^{-12} = \mathbf{22.1\ pF}$

2 コンデンサの種類と静電エネルギー (p.39)

1 1 固定 2 可変 3 半固定
4 静電エネルギー 5 $\dfrac{1}{2}QV$

2 (1) 許容差が ±5%の意味
(2) $33 \times 10^3\ \text{pF} = \mathbf{0.033\ \mu F}$

3 $W = \dfrac{1}{2}CV^2 = \dfrac{1}{2} \times 20 \times 10^{-6} \times 120^2$
$= \mathbf{0.144\ J}$

4 $W = \dfrac{1}{2}QV = \dfrac{1}{2} \times \dfrac{Q^2}{C}$
$= \dfrac{1}{2} \times \dfrac{(200 \times 10^{-6})^2}{10 \times 10^{-6}} = \mathbf{2 \times 10^{-3}\ J}$

3 コンデンサの並列接続 (p.40)

1 1 C_1V 2 C_2V 3 $Q_1 + Q_2$
4 $C_1V + C_2V$ 5 $C_1 + C_2$ 6 $C_1 + C_2$

2 $C_0 = C_1 + C_2 = (3 + 4) \times 10^{-6} = \mathbf{7\ \mu F}$

3 (1) $C_0 = C_1 + C_2 = (6 + 4) \times 10^{-6} = \mathbf{10\ \mu F}$
(2) $Q_1 = C_1V = 6 \times 10^{-6} \times 20 = \mathbf{120\ \mu C}$
(3) $Q_2 = C_2V = 4 \times 10^{-6} \times 20 = \mathbf{80\ \mu C}$
(4) $Q = Q_1 + Q_2 = (120 + 80) \times 10^{-6} = \mathbf{200\ \mu C}$

4 コンデンサの直列接続 (p.41)

5 コンデンサの直並列接続 (p.41)

1 1 $V_1 + V_2$ 2 $\dfrac{Q}{C_1}$ 3 $\dfrac{Q}{C_2}$
4 $\dfrac{Q}{C_1} + \dfrac{Q}{C_2}$ 5 $\left(\dfrac{1}{C_1} + \dfrac{1}{C_2}\right)$
6 $\dfrac{1}{C_1} + \dfrac{1}{C_2}$

2 $C_0 = \dfrac{1}{\dfrac{1}{C_1} + \dfrac{1}{C_2}} = \dfrac{1}{\dfrac{1}{1 \times 10^{-6}} + \dfrac{1}{2 \times 10^{-6}}}$
$= \dfrac{10^{-6}}{\dfrac{3}{2}} = \dfrac{2}{3} \times 10^{-6} = \mathbf{0.667\ \mu F}$

3 $C_1 = C + C = 2C$ $C_2 = \dfrac{C \times C}{C + C} = \dfrac{C}{2}$
$\dfrac{C_1}{C_2} = \dfrac{2C}{\dfrac{C}{2}} = \mathbf{4}$

4 (1) $C_0 = \dfrac{C_1C_2}{C_1 + C_2} = \dfrac{4 \times 10^{-6} \times 6 \times 10^{-6}}{(4 + 6) \times 10^{-6}}$
$= \mathbf{2.4\ \mu F}$
(2) $Q_1 = Q_2 = C_0V = 2.4 \times 10^{-6} \times 30 = \mathbf{72\ \mu C}$
(3) $V_1 = \dfrac{Q_1}{C_1} = \dfrac{72 \times 10^{-6}}{4 \times 10^{-6}} = \mathbf{18\ V}$
$V_2 = 30 - V_1 = 30 - 18 = \mathbf{12\ V}$

5 $C_0 = \dfrac{C_1C_2}{C_1 + C_2} = \dfrac{2 \times 10^{-6} \times 8 \times 10^{-6}}{(2 + 8) \times 10^{-6}}$
$= \mathbf{1.6\ \mu F}$
$Q = C_0V = 1.6 \times 10^{-6} \times 100 = \mathbf{160\ \mu C}$
$V_1 = \dfrac{Q}{C_1} = \dfrac{160 \times 10^{-6}}{2 \times 10^{-6}} = \mathbf{80\ V}$
$V_2 = 100 - V_1 = 100 - 80 = \mathbf{20\ V}$

6 (1) $C_{bc} = (20 + 40) \times 10^{-6} = 60\ \mu F$
$C_0 = \dfrac{C_1C_{ab}}{C_1 + C_{ab}} = \dfrac{40 \times 10^{-6} \times 60 \times 10^{-6}}{(40 + 60) \times 10^{-6}}$
$= \mathbf{24\ \mu F}$
(2) $Q_1 = C_0V = 24 \times 10^{-6} \times 10 = \mathbf{240\ \mu C}$
(3) $V_{ab} = \dfrac{Q_1}{C_1} = \dfrac{240 \times 10^{-6}}{40 \times 10^{-6}} = \mathbf{6\ V}$

$V_{bc} = V - V_{ab} = 10 - 6 = \mathbf{4\ V}$

(4) $Q_2 = C_2 V_{bc} = 20 \times 10^{-6} \times 4 = \mathbf{80\ \mu C}$

章末問題 1 (p.43)

1 (1) $C_{ab} = (8 + 2) \times 10^{-6} = 10\ \mu F$

$$C_0 = \frac{C_1 C_{ab}}{C_1 + C_{ab}} = \frac{30 \times 10^{-6} \times 10 \times 10^{-6}}{(30 + 10) \times 10^{-6}}$$

$$= \frac{300 \times 10^{-6}}{40} = \mathbf{7.5\ \mu F}$$

(2) $Q_1 = C_0 V = 7.5 \times 10^{-6} \times 10 = \mathbf{75\ \mu C}$

(3) $V_1 = \frac{Q_1}{C_1} = \frac{75 \times 10^{-6}}{30 \times 10^{-6}} = \mathbf{2.5\ V}$

(4) $V_{ab} = V - V_1 = 10 - 2.5 = \mathbf{7.5\ V}$

(5) $Q_3 = C_3 V_{ab} = 2 \times 10^{-6} \times 7.5 = \mathbf{15\ \mu C}$

2 (1) $C_0 = \frac{C_{ab} C_{cd}}{C_{ab} + C_{cd}} = \frac{6 \times 10^{-6} \times 4 \times 10^{-6}}{(6 + 4) \times 10^{-6}}$

$$= \frac{24 \times 10^{-6}}{10} = \mathbf{2.4\ \mu F}$$

(2) $Q_0 = C_0 V = 2.4 \times 10^{-6} \times 40 = 96\ \mu C$

$$V_{ab} = \frac{Q_0}{C_{ab}} = \frac{96 \times 10^{-6}}{6 \times 10^{-6}} = \mathbf{16\ V}$$

(3) $Q_1 = C_1 V_{ab} = 2 \times 10^{-6} \times 16 = \mathbf{32\ \mu C}$

(4) $V_{cd} = V - V_{ab} = 40 - 16 = \mathbf{24\ V}$

(5) $Q_2 = C_2 V_{cd} = 3 \times 10^{-6} \times 24 = \mathbf{72\ \mu C}$

(6) $W = \frac{1}{2} C_3 V_{ab}^2 = \frac{1}{2} \times 4 \times 10^{-6} \times 16^2 = \mathbf{512\ \mu J}$

章末問題 2 (p.44)

1 (1) $C_s = \frac{1}{\frac{1}{C_1} + \frac{1}{C_2} + \frac{1}{C_3}}$

$$= \frac{1}{\frac{1}{10 \times 10^{-6}} + \frac{1}{20 \times 10^{-6}} + \frac{1}{30 \times 10^{-6}}}$$

$$= \frac{10^{-6}}{\frac{6 + 3 + 2}{60}} = \frac{60 \times 10^{-6}}{11} = \mathbf{5.45\ \mu F}$$

$$C_p = C_1 + C_2 + C_3 = (10 + 20 + 30) \times 10^{-6}$$

$$= \mathbf{60\ \mu F}$$

(2) 回路の合成静電容量 C_0 を求めると

$$C_0 = \frac{C_1 C_2}{C_1 + C_2} = \frac{2 \times 10^{-6} \times 3 \times 10^{-6}}{(2 + 3) \times 10^{-6}}$$

$$= \frac{6 \times 10^{-6}}{5} = 1.2\ \mu F$$

$$Q_1 = Q_2 = C_0 V = 1.2 \times 10^{-6} \times 100$$

$$= \mathbf{120 \times 10^{-6}\ C}$$

$$V_1 = \frac{Q_1}{C_1} = \frac{120 \times 10^{-6}}{2 \times 10^{-6}} = \mathbf{60\ V}$$

$$V_2 = V - V_1 = 100 - 60 = \mathbf{40\ V}$$

(3) $Q = CV = 5 \times 10^{-6} \times 100$

$$= \mathbf{500 \times 10^{-6}\ C}$$

以上より，解答欄は次のようになる。

(1)	C_s	イ
	C_p	キ
(2)	Q_1	サ
	Q_2	サ
	V_1	キ
	V_2	カ
(3)	Q	テ

2 (1) $C_0 = \frac{10 \times 10^{-6} \times 10 \times 10^{-6}}{(10 + 10) \times 10^{-6}}$

$$= \frac{100 \times 10^{-6}}{20} = \mathbf{5\ \mu F}$$

(2) C_1 にたくわえられる電荷 Q_1 は，

$$Q_1 = C_0 V = 5 \times 10^{-6} \times 100 = 500\ \mu C$$

$$V_1 = \frac{Q_1}{C_1} = \frac{500 \times 10^{-6}}{10 \times 10^{-6}} = \mathbf{50\ V}$$

(3) C_2 の両端の電圧 V_2 は，

$$V_2 = V - V_1 = 100 - 50 = 50\ V$$

$$Q_2 = C_2 V_2 = 2 \times 10^{-6} \times 50 = \mathbf{100\ \mu C}$$

(4) $W = \frac{1}{2} C V^2 = \frac{1}{2} \times 8 \times 10^{-6} \times 50^2$

$$= \mathbf{0.01\ J}$$

以上より，解答欄は次のようになる。

(1)	イ
(2)	キ
(3)	ケ
(4)	テ

3 (1) $Q_1 = C_1 V_1 = 2 \times 10^{-6} \times 40 = \mathbf{80\ \mu C}$

(2) C_2 の両端の電圧 V_2 は，

$$V_2 = V - V_1 = 60 - 40 = 20\ V$$

$$C_2 = \frac{Q_2}{V_2} = \frac{Q_1}{V_2} = \frac{80 \times 10^{-6}}{20} = \mathbf{4\ \mu F}$$

(3) $C_0 = \frac{2 \times 10^{-6} \times 12 \times 10^{-6}}{(2 + 12) \times 10^{-6}}$

$$= \frac{24 \times 10^{-6}}{14} = 1.71\ \mu F$$

$$Q = C_0 V = 1.71 \times 10^{-6} \times 60 = 102.6\ \mu C$$

$$V_1 = \frac{Q}{C_1} = \frac{102.6 \times 10^{-6}}{2 \times 10^{-6}} = \mathbf{51.3\ V}$$

以上より，解答欄は次のようになる。

(1)	ウ
(2)	キ
(3)	サ

第4章　電流と磁気 (p.46)

1 磁石とクーロンの法則 (p.46)

1 磁気 (p.46)

1 1 磁性　2 磁気　3 磁軸　4 Wb　5 N　6 S　7 S　8 N　9 磁性体　10 強磁性体　11 常磁性体　12 反磁性体

2 磁気に関するクーロンの法則 (p.47)

1 1 反発　2 吸引　3 m_1m_2　4 r^2　5 m_1m_2　6 $\mu_r r^2$

2 $F = 6.33 \times 10^4 \times \dfrac{m_1m_2}{r^2}$

$= 6.33 \times 10^4 \times \dfrac{5 \times 10^{-6} \times 8 \times 10^{-5}}{(10 \times 10^{-2})^2}$

$= \dfrac{6.33 \times 5 \times 8}{(10 \times 10^{-2})^2} \times 10^{-7} = \mathbf{2.53 \times 10^{-3}\ N}$

3 $F = 6.33 \times 10^4 \times \dfrac{m_1m_2}{r^2}$

$= 6.33 \times 10^4 \times \dfrac{7.2 \times 10^{-6} \times 3.6 \times 10^{-5}}{(8 \times 10^{-2})^2}$

$= \mathbf{2.56 \times 10^{-3}\ N}$

4 この場合，力の向きは考えなくてよいので，-5×10^{-5} Wb の負の符号は考えない。

$5 \times 10^{-5} = 6.33 \times 10^4 \times \dfrac{3 \times 10^{-6} \times 5 \times 10^{-5}}{5 \times r^2}$

$r^2 = \dfrac{6.33 \times 10^4 \times 3 \times 10^{-6} \times 5 \times 10^{-5}}{5 \times 5 \times 10^{-5}}$

$r = \sqrt{\dfrac{6.33 \times 3 \times 10^{-2}}{5}} = 0.195\ \text{m} = \mathbf{19.5\ cm}$

3 磁界 (p.48)

1 1 m　2 r^2　3 m　4 $\mu_r r^2$　5 mH

2 $H = 6.33 \times 10^4 \times \dfrac{m}{\mu_r r^2}$

$= 6.33 \times 10^4 \times \dfrac{5 \times 10^{-4}}{1 \times (40 \times 10^{-2})^2}$

$= \dfrac{6.33 \times 5}{(40 \times 10^{-2})^2} = \mathbf{198\ A/m}$

3 $H = 6.33 \times 10^4 \times \dfrac{m}{\mu_r r^2}$

$= 6.33 \times 10^4 \times \dfrac{7.5 \times 10^{-5}}{1 \times (20 \times 10^{-2})^2}$

$= \mathbf{119\ A/m}$

4 $F = mH = 4 \times 10^{-5} \times 30 = \mathbf{1.2 \times 10^{-3}\ N}$

5 $0.56 = m \times 200$

$m = \dfrac{0.56}{200} = \mathbf{2.8 \times 10^{-3}\ Wb}$

4 磁力線 (p.49)

1 1 N　2 S　3 向き　4 大きさ　5 反発　6 分岐　7 磁力線　8 磁気遮へい　9 強磁性体　10 磁力線

5 磁束と磁束密度 (p.49)

1 1 m　2 r^2　3 m　4 r^2　5 $4\pi r^2$　6 μ　7 μ_0

2 $H = 6.33 \times 10^4 \times \dfrac{m}{\mu_r r^2}$

$= 6.33 \times 10^4 \times \dfrac{8 \times 10^{-5}}{1 \times (30 \times 10^{-2})^2}$

$= \mathbf{56.3\ A/m}$

$B = \dfrac{m}{4\pi r^2} = \dfrac{8 \times 10^{-5}}{4 \times 3.14 \times (30 \times 10^{-2})^2}$

$= \mathbf{7.08 \times 10^{-5}\ T}$

2 電流による磁界 (p.50)

1 アンペアの右ねじの法則 (p.50)

1 1 右ねじ　2 磁界　3 棒　4 電磁石　5 右　6 親

2 アンペアの周回路の法則と電磁石 (p.50)

1 1 積　2 閉　3 電流　4 アンペア

2 $H = \dfrac{I}{2\pi r} = \dfrac{10}{2 \times 3.14 \times 20 \times 10^{-2}}$

$= \mathbf{7.96\ A/m}$

3 $H = \dfrac{I}{2\pi r} = \dfrac{15}{2 \times 3.14 \times 10 \times 10^{-2}}$

$= \mathbf{23.9\ A/m}$

4 $10 = \dfrac{I}{2 \times 3.14 \times 15 \times 10^{-2}}$

$I = 10 \times 2 \times 3.14 \times 15 \times 10^{-2} = \mathbf{9.42\ A}$

3 磁気回路 (p.51)

1 1 磁束　2 磁束　3 NI

2 (1) $F = NI = 200 \times 0.5 = \mathbf{100\ A}$

(2) $F = NI = 200 \times 70 \times 10^{-3} = \mathbf{14\ A}$

3 1 NI　2 Wb　3 $\dfrac{l}{\mu A}$　4 H/m　5 S/m　6 NI　7 R_m　8 R

4 $\phi = \dfrac{NI}{R_m} = \dfrac{300 \times 0.5}{5 \times 10^5} = \mathbf{3 \times 10^{-4}\ Wb}$

5 (1) $\mu = \dfrac{B}{H} = \dfrac{5}{2000} = \mathbf{2.5 \times 10^{-3}\ H/m}$

(2) $\mu_r = \dfrac{\mu}{\mu_0} = \dfrac{2.5 \times 10^{-3}}{4\pi \times 10^{-7}} = \mathbf{1990}$

6 $A = 15\ \text{cm}^2 = 15 \times 10^{-4}\ \text{m}^2$

$l = 20\ \text{cm} = 0.2\ \text{m}$　であるから，

$R_m = \dfrac{l}{\mu A} = \dfrac{l}{\mu_0 \mu_r A}$

$= \dfrac{0.2}{4\pi \times 10^{-7} \times 800 \times 15 \times 10^{-4}}$

$= \mathbf{1.33 \times 10^5\ H^{-1}}$

7 (1) $F=NI=50\times2=\mathbf{100\,A}$

(2) $A=10\,\text{cm}^2=10\times10^{-4}\,\text{m}^2$

$l=40\,\text{cm}=0.4\,\text{m}$ であるから，

$$R_m=\frac{l}{\mu A}=\frac{l}{\mu_0\mu_r A}$$
$$=\frac{0.4}{4\pi\times10^{-7}\times2000\times10\times10^{-4}}$$
$$=\mathbf{1.59\times10^5\,H^{-1}}$$

(3) $\phi=\dfrac{NI}{R_m}=\dfrac{100}{1.59\times10^5}=\mathbf{6.29\times10^{-4}\,Wb}$

(4) $B=\dfrac{\phi}{A}=\dfrac{6.29\times10^{-4}}{10\times10^{-4}}=\mathbf{0.629\,T}$

(5) $H=\dfrac{B}{\mu_0\mu_r}=\dfrac{0.629}{4\pi\times10^{-7}\times2000}$

$=\mathbf{250\,A/m}$

4 鉄の磁化曲線とヒステリシス特性 (p.53)

1 1 増加 2 磁気飽和 3 比例 4 一定
5 BH 曲線 6 残留磁気 7 保磁力
8 ヒステリシス 9, 10 ヒステリシス曲線，ヒステリシスループ（順不同）

3 磁界中の電流に働く力 (p.54)

1 電磁力とは (p.54)

2 電磁力の大きさと向き (p.54)

1 1 電磁力 2 BIl 3 左手 4 磁界
5 電流

2 (1) $F=BIl\sin\theta$
$=0.8\times10\times40\times10^{-2}\times\sin90^\circ$
$=\mathbf{3.2\,N}$

(2) $F=BIl\sin\theta$
$=0.8\times10\times40\times10^{-2}\times\sin60^\circ$
$=\mathbf{2.77\,N}$

(3) $F=BIl\sin\theta$
$=0.8\times10\times40\times10^{-2}\times\sin45^\circ$
$=\mathbf{2.26\,N}$

(4) $F=BIl\sin\theta$
$=0.8\times10\times40\times10^{-2}\times\sin30^\circ$
$=\mathbf{1.6\,N}$

(5) $F=BIl\sin\theta$
$=0.8\times10\times40\times10^{-2}\times\sin0^\circ$
$=\mathbf{0\,N}$

3 (1) $F=BIl\sin\theta$
$=1.4\times12\times10\times10^{-2}\times\sin90^\circ$
$=\mathbf{1.68\,N}$

(2) $F=BIl\sin\theta$
$=1.4\times12\times10\times10^{-2}\times\sin60^\circ$
$=\mathbf{1.45\,N}$

(3) $F=BIl\sin\theta$
$=1.4\times12\times10\times10^{-2}\times\sin45^\circ$
$=\mathbf{1.19\,N}$

(4) $F=BIl\sin\theta$
$=1.4\times12\times10\times10^{-2}\times\sin30^\circ$
$=\mathbf{0.84\,N}$

(5) $F=BIl\sin\theta$
$=1.4\times12\times10\times10^{-2}\times\sin0^\circ$
$=\mathbf{0\,N}$

3 磁界中のコイルに働く力（トルク） (p.55)

1 1 電磁 2 電磁 3 BIl 4 逆
5 $BIld$ 6 $\cos\theta$ 7 $BIld\cos\theta$ 8 N

2 $8\,\text{cm}^2=8\times10^{-4}\,\text{m}^2$ であるから，

(1) $T=NBIld\cos\theta$
$=200\times0.4\times5\times8\times10^{-4}\times\cos0^\circ$
$=\mathbf{0.32\,N\cdot m}$

(2) $T=NBIld\cos\theta$
$=200\times0.4\times5\times8\times10^{-4}\times\cos30^\circ$
$=\mathbf{0.277\,N\cdot m}$

(3) $T=NBIld\cos\theta$
$=200\times0.4\times5\times8\times10^{-4}\times\cos45^\circ$
$=\mathbf{0.226\,N\cdot m}$

(4) $T=NBIld\cos\theta$
$=200\times0.4\times5\times8\times10^{-4}\times\cos60^\circ$
$=\mathbf{0.16\,N\cdot m}$

(5) $T=NBIld\cos\theta$
$=200\times0.4\times5\times8\times10^{-4}\times\cos90^\circ$
$=\mathbf{0\,N\cdot m}$

4 平行な直線状導体間に働く力 (p.56)

1 1 $\dfrac{I_a}{2\pi r}$ 2 $\dfrac{I_a}{2\pi r}$ 3 $\dfrac{2I_a}{r}$ 4 $\dfrac{2I_aI_b}{r}$
5 同じ

2 (1) $H_a=\dfrac{I_a}{2\pi r}=\dfrac{10}{2\times3.14\times0.2}$
$=\mathbf{7.96\,A/m}$

(2) $B_a=\dfrac{2I_a}{r}\times10^{-7}=\dfrac{2\times10}{0.2}\times10^{-7}$
$=\mathbf{1\times10^{-5}\,T}$

(3) $f=\dfrac{2I_aI_b}{r}\times10^{-7}=\dfrac{2\times10\times10}{0.2}\times10^{-7}$
$=\mathbf{1\times10^{-4}\,N/m}$

3 $f=\dfrac{2I_aI_b}{r}\times10^{-7}=\dfrac{2\times15\times15}{10\times10^{-2}}\times10^{-7}$
$=\mathbf{4.5\times10^{-4}\,N/m}$

4 電磁誘導 (p.57)

1 電磁誘導とは (p.57)

2 誘導起電力 (p.57)

1 1 電磁誘導 2 誘導起電力 3 誘導電流 4 磁束 5 比例 6 ファラデー 7 磁束 8 さまたげる 9 レンツ 10 $-N\dfrac{\Delta\phi}{\Delta t}$

2 $|e| = N\dfrac{\Delta\phi}{\Delta t} = 100 \times \dfrac{5 \times 10^{-3}}{0.2} = \mathbf{2.5\,V}$

3 $3 = N\dfrac{0.06}{0.5}$

$N = \dfrac{3 \times 0.5}{0.06} = \mathbf{25}$

3 誘導起電力の例 (p.58)

1 1 $-Blv$ 2 渦 3 電磁 4 逆

2 (1) $|e| = Blv\sin\theta$

$= 5 \times 40 \times 10^{-2} \times 10 \times \sin 90^\circ$

$= \mathbf{20\,V}$

(2) $|e| = Blv\sin\theta$

$= 5 \times 40 \times 10^{-2} \times 10 \times \sin 60^\circ$

$= \mathbf{17.3\,V}$

(3) $|e| = Blv\sin\theta$

$= 5 \times 40 \times 10^{-2} \times 10 \times \sin 45^\circ$

$= \mathbf{14.1\,V}$

(4) $|e| = Blv\sin\theta$

$= 5 \times 40 \times 10^{-2} \times 10 \times \sin 30^\circ$

$= \mathbf{10\,V}$

(5) $|e| = Blv\sin\theta$

$= 5 \times 40 \times 10^{-2} \times 10 \times \sin 0^\circ$

$= \mathbf{0\,V}$

4 自己誘導 (p.59)

5 相互誘導 (p.59)

1 1 $\Delta\phi$ 2 Δt 3 ΔI 4 Δt 5 $N\phi$ 6 LI 7 $N\phi$ 8 I 9 $\Delta\phi$ 10 Δt 11 ΔI_1 12 Δt 13 $N_2\phi$ 14 MI_1 15 $N_2\phi$ 16 I_1 17 二次コイル 18 誘電起電力 19 二次コイル 20 $N_2\phi$ 21 1

2 (1) $0.5 = L\dfrac{0.5}{2}$　$L = \dfrac{0.5 \times 2}{0.5} = \mathbf{2\,H}$

(2) $2 = L\dfrac{0.5}{2}$　$L = \dfrac{2 \times 2}{0.5} = \mathbf{8\,H}$

(3) $3.5 = L\dfrac{0.5}{2}$　$L = \dfrac{3.5 \times 2}{0.5} = \mathbf{14\,H}$

3 (1) $L = \dfrac{N\phi}{I} = \dfrac{10 \times 0.5}{2} = \mathbf{2.5\,H}$

(2) $L = \dfrac{N\phi}{I} = \dfrac{50 \times 0.5}{2} = \mathbf{12.5\,H}$

(3) $L = \dfrac{N\phi}{I} = \dfrac{150 \times 0.5}{2} = \mathbf{37.5\,H}$

4 (1) 誘電起電力の向きは考えなくてよいから，負の符号を省略した。

$e_1 = L_1\dfrac{\Delta I_1}{\Delta t}$ より，$2 = L_1 \times \dfrac{0.5}{0.1}$

$L_1 = \dfrac{2 \times 0.1}{0.5} = \mathbf{0.4\,H}$

(2) $e_2 = M\dfrac{\Delta I_1}{\Delta t}$ より，$3 = M \times \dfrac{0.5}{0.1}$

$M = \dfrac{3 \times 0.1}{0.5} = \mathbf{0.6\,H}$

5 $|e_2| = M\dfrac{\Delta I_1}{\Delta t} = 20 \times 10^{-3} \times \dfrac{10}{0.2}$

$= \mathbf{1\,V}$

6 電磁エネルギー (p.61)

1 1 電磁エネルギー 2 $\dfrac{1}{2}LI^2$

2 $W = \dfrac{1}{2}LI^2 = \dfrac{1}{2} \times 2 \times 3^2 = \mathbf{9\,J}$

3 $W = \dfrac{1}{2}LI^2 = \dfrac{1}{2} \times L \times 0.5^2 = 0.25\text{J}$

より，$L = \mathbf{2\,H}$

4 (1) $L_1 = \dfrac{N_1\phi}{I_1} = \dfrac{40 \times 0.09}{0.3} = \mathbf{12\,H}$

(2) $W = \dfrac{1}{2}LI^2 = \dfrac{1}{2} \times 12 \times 0.3^2 = \mathbf{0.54\,J}$

(3) $M = \dfrac{N_2\phi}{I_1} = \dfrac{20 \times 0.09}{0.3} = \mathbf{6\,H}$

5 直流電動機と直流発電機 (p.62)

1 直流電動機 (p.62)

1 1 フレミングの左手の法則 2 電磁力 3 トルク 4 直流電動機 5 電気 6 運動 7 ブラシ 8 整流子 9 同じ 10 電磁力 11 同じ

2 直流発電機 (p.62)

1 1 電磁誘導 2 フレミングの右手の法則 3 誘導起電力 4 直流発電機 5 運動 6 電気 7 構造 8 直流発電機 9 直流電動機

章末問題1 (p.63)

1 (1) $F = BIl\sin\theta$

$= 0.8 \times 5 \times 30 \times 10^{-2} \times \sin 90^\circ$

$= \mathbf{1.2\ N}$

(2) $F = BIl\sin\theta$

$= 0.8 \times 5 \times 30 \times 10^{-2} \times \sin 60^\circ$

$= \mathbf{1.04\ N}$

(3) $F = BIl\sin\theta$

$= 0.8 \times 5 \times 30 \times 10^{-2} \times \sin 45^\circ$

$= \mathbf{0.849\ N}$

(4) $F = BIl\sin\theta$

$= 0.8 \times 5 \times 30 \times 10^{-2} \times \sin 30^\circ$

$= \mathbf{0.6\ N}$

(5) $F = BIl\sin\theta$

$= 0.8 \times 5 \times 30 \times 10^{-2} \times \sin 0^\circ$

$= \mathbf{0\ N}$

2 (1) $|e| = Blv\sin\theta$

$= 2.5 \times 50 \times 10^{-2} \times 5 \times \sin 90^\circ$

$= \mathbf{6.25\ V}$

(2) $|e| = Blv\sin\theta$

$= 2.5 \times 50 \times 10^{-2} \times 5 \times \sin 60^\circ$

$= \mathbf{5.41\ V}$

(3) $|e| = Blv\sin\theta$

$= 2.5 \times 50 \times 10^{-2} \times 5 \times \sin 45^\circ$

$= \mathbf{4.42\ V}$

(4) $|e| = Blv\sin\theta$

$= 2.5 \times 50 \times 10^{-2} \times 5 \times \sin 30^\circ$

$= \mathbf{3.13\ V}$

(5) $|e| = Blv\sin\theta$

$= 2.5 \times 50 \times 10^{-2} \times 5 \times \sin 0^\circ$

$= \mathbf{0\ V}$

3 $H = 6.33 \times 10^4 \times \dfrac{m}{\mu_r r^2}$

$= 6.33 \times 10^4 \times \dfrac{5.23 \times 10^{-6}}{1 \times (30 \times 10^{-2})^2}$

$= \mathbf{3.68\ A/m}$

$B = \dfrac{m}{4\pi r^2} = \dfrac{5.23 \times 10^{-6}}{4 \times 3.14 \times (30 \times 10^{-2})^2}$

$= \mathbf{4.63 \times 10^{-6}\ T}$

4 (1) $e = L\dfrac{\Delta I}{\Delta t}$ より

$L = e\dfrac{\Delta t}{\Delta I} = 3 \times \dfrac{0.5}{0.2} = \mathbf{7.5\ H}$

(2) $e_2 = M\dfrac{\Delta I}{\Delta t} = 1.2 \times \dfrac{0.2}{0.5} = \mathbf{0.48\ V}$

章末問題2 (p.65)

1 $F = 6.33 \times 10^4 \times \dfrac{m_1 m_2}{r^2}$

$= 6.33 \times 10^4 \times \dfrac{2.38 \times 10^{-6} \times 8.76 \times 10^{-6}}{(10 \times 10^{-2})^2}$

$= \mathbf{1.32 \times 10^{-4}\ N}$

2 $H = \dfrac{NI}{2r} = \dfrac{1 \times 10}{2 \times 20 \times 10^{-2}} = \mathbf{25\ A/m}$

3 ① フレミングの右手の法則より⊗

② $|e| = Blv\sin\theta$

$= 1.2 \times 60 \times 10^{-2} \times 20 \times \sin 60^\circ$

$= \mathbf{12.5\ V}$

以上より，解答欄は次のようになる。

<table>
<tr><td>1</td><td colspan="2">イ</td></tr>
<tr><td>2</td><td colspan="2">キ</td></tr>
<tr><td rowspan="2">3</td><td>①</td><td>ス</td></tr>
<tr><td>②</td><td>サ</td></tr>
</table>

第5章　交流回路　(p.66)

1　正弦波交流　(p.66)

1　正弦波交流の発生と瞬時値　(p.66)

2　正弦波交流を表す要素　(p.66)

1　1　正弦波交流　2　交流　3　角周波数
4　正弦　5　$E_m \sin \omega t$　6　最大値　7　時間
8　瞬時値

2　1　周期　2　1サイクル　3　周波数
4　Hz　5　$\frac{1}{f}$　6　$\frac{1}{T}$

3　$T = \frac{1}{f} = \frac{1}{100} = \mathbf{0.01\ s}$

$f = \frac{1}{T} = \frac{1}{5 \times 10^{-3}} = \mathbf{200\ Hz}$

4　(1)　$\beta = \alpha \frac{\pi}{180} = 90 \times \frac{\pi}{180} = \boldsymbol{\frac{\pi}{2}}\ \mathbf{rad}$

(2)　$\beta = \alpha \frac{\pi}{180} = 30 \times \frac{\pi}{180} = \boldsymbol{\frac{\pi}{6}}\ \mathbf{rad}$

(3)　$\pi\ \mathrm{rad} = \mathbf{180^\circ}$

(4)　$\frac{\pi}{6}\ \mathrm{rad} = \frac{180}{6} = \mathbf{30^\circ}$

3　正弦波交流を表す角周波数と位相　(p.67)

1　1，2　角周波数，角速度（順不同）　3　rad/s
4，5　位相，位相角（順不同）　6，7　初位相，
初位相角（順不同）　8　位相差　9　同相

2　位相差は $\frac{2\pi}{3} - \left(-\frac{5\pi}{6}\right) = \boldsymbol{\frac{3\pi}{2}}\ \mathbf{rad}$

e_2 は e_1 より**遅れている。**

3　$e = E_m \sin 2\pi ft$

$i = I_m \sin\left(2\pi ft - \frac{\pi}{3}\right)$

4　正弦波交流の実効値と平均値　(p.68)

1　1　熱量　2　実効値　3　V_m
4　$0.707V_m$　5　I_m　6　$0.707I_m$

2　$V = \frac{V_m}{\sqrt{2}} = \frac{141}{1.41} = \mathbf{100\ V}$

3　$I_m = \sqrt{2}I = 1.41 \times 2 = \mathbf{2.82\ A}$

4　1　平均値　2　V_m　3　$0.637V_m$　4　I_m
5　$0.637I_m$

5　$V_a = \frac{2}{\pi}V_m = \frac{2}{\pi} \times 157 = \mathbf{100\ V}$

6　$I_m = \frac{\pi}{2}I_a = \frac{\pi}{2} \times 5 = \mathbf{7.85\ A}$

$I = \frac{I_m}{\sqrt{2}} = \frac{7.85}{1.41} = \mathbf{5.57\ A}$

7　$v_1 = V_m \sin 2\pi ft = 100\sqrt{2} \sin(2\pi \times 50t)$

$= \mathbf{100\sqrt{2} \sin 100\pi \boldsymbol{t}}\ \mathrm{[V]}$

$v_2 = V_m \sin 2\pi ft = 100\sqrt{2} \sin(2\pi \times 60t)$

$= \mathbf{100\sqrt{2} \sin 120\pi \boldsymbol{t}}\ \mathrm{[V]}$

8　(1)　$T = 20 \times 10^{-3}\ \mathrm{s}$

$f = \frac{1}{T} = \frac{1}{20 \times 10^{-3}} = \mathbf{50\ Hz}$

(2)　$\omega = 2\pi f = 2\pi \times 50 = \mathbf{100\pi\ rad/s}$

(3)　$V_m = \mathbf{141\ V}$

$V = \frac{V_m}{\sqrt{2}} = \frac{141}{1.41} = \mathbf{100\ V}$

$V_a = \frac{2}{\pi}V_m = \frac{2}{\pi} \times 141 = \mathbf{89.8\ V}$

(4)　$v = V_m \sin 2\pi ft = 141 \sin(2\pi \times 50t)$

$= \mathbf{141 \sin 100\pi \boldsymbol{t}}\ \mathrm{[V]}$

(5)　$v = 141 \sin(100\pi \times 2 \times 10^{-3})$

$= 141 \sin(0.2\pi)$

$= \mathbf{82.8\ V}$

$v = 141 \sin(100\pi \times 4 \times 10^{-3})$

$= 141 \sin(0.4\pi) = \mathbf{134\ V}$

2　複素数　(p.70)

1　複素数とは　(p.70)

1　1　虚数単位　2　j　3　複素数　4　実部
5　虚部　6　共役複素数　7　$\dot{\bar{A}}$

2　1　$(b + d)$　2　$(b - d)$　3　bd
4　$ac - bd$　5　$(ad + bc)$　6　$(c - jd)$
7　$(c - jd)$　8　$ac + bd$　9　$bc - ad$

3　(1)　$j \times j = j^2 = \mathbf{-1}$

(2)　$j \times (-j) = -j^2 = \mathbf{1}$

(3)　$\frac{1}{j} = \frac{j}{j^2} = \boldsymbol{-j}$

(4)　$\frac{1}{-j} = \frac{j}{-j^2} = \boldsymbol{j}$

(5)　$\frac{100}{50 - j50} = \frac{2}{1 - j} = \frac{2(1 + j)}{(1 - j)(1 + j)}$

$= \frac{2(1 + j)}{1 - j^2} = \frac{2(1 + j)}{2} = \boldsymbol{1 + j}$

(6)　$\frac{50 + j50}{30 + j40} = \frac{5 + j5}{3 + j4} = \frac{(5 + j5)(3 - j4)}{(3 + j4)(3 - j4)}$

$= \frac{15 - j20 + j15 - j^2 20}{9 - j^2 16} = \frac{35 - j5}{25}$

$= \boldsymbol{1.4 - j0.2}$

2　複素数とベクトル　(p.71)

1　1　複素平面　2　実軸　3　虚軸
4　ベクトル　5　大きさ　6　偏角

2　$A = \sqrt{a^2 + b^2}$，$\theta = \tan^{-1}\frac{b}{a}$

3

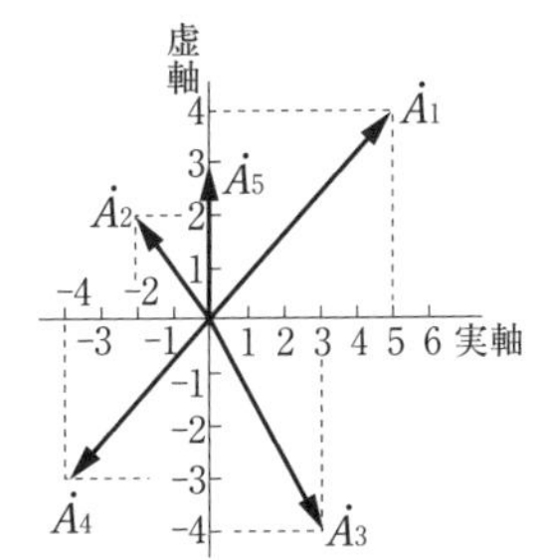

4 (1) $A = \sqrt{a^2 + b^2} = \sqrt{40^2 + 40^2} = 56.4$

$\theta = \tan^{-1}\dfrac{b}{a} = \tan^{-1}\dfrac{40}{40} = 45°$

$\dot{A} = A\angle\theta = \mathbf{56.4\angle 45°}$

(2) $B = \sqrt{a^2 + b^2} = \sqrt{1^2 + (\sqrt{3})^2} = \sqrt{4} = 2$

$\theta = \tan^{-1}\dfrac{b}{a} = \tan^{-1}\dfrac{\sqrt{3}}{1} = 60°$

$\dot{B} = B\angle\theta = \mathbf{2\angle 60°}$

(3) $\dot{C} = C\angle\theta = \mathbf{1\angle 90°}$

(4) $D = \sqrt{a^2 + b^2} = \sqrt{(\sqrt{3})^2 + 1^2} = \sqrt{4} = 2$

$\theta = \tan^{-1}\dfrac{b}{a} = \tan^{-1}\dfrac{1}{\sqrt{3}} = 30°$

$\dot{D} = D\angle\theta = \mathbf{2\angle 30°}$

(5) $E = \sqrt{a^2 + b^2} = \sqrt{3^2 + (3\sqrt{3})^2} = \sqrt{36} = 6$

$\theta = \tan^{-1}\dfrac{b}{a} = \tan^{-1}\dfrac{-3\sqrt{3}}{3} = -60°$

$\dot{E} = E\angle\theta = \mathbf{6\angle -60°}$

3 複素数の四則演算とベクトル (p.72)

1 1 $\sqrt{(a+c)^2 + (b+d)^2}$

2 $\tan^{-1}\dfrac{b+d}{a+c}$ 3 $\sqrt{(a-c)^2 + (b-d)^2}$

4 $\tan^{-1}\dfrac{b-d}{a-c}$ 5 積 6 和 7 商 8 差

2 (1) $\dot{A} = 2 \times 3\angle(90° - 45°) = \mathbf{6\angle 45°}$

(2) $\dot{B} = \dfrac{20}{5}\angle(60° - 30°) = \mathbf{4\angle 30°}$

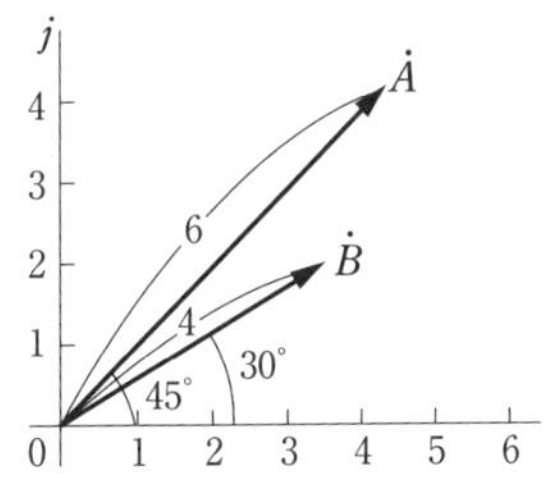

3 1 $\dfrac{\pi}{2}$ 2 $\dfrac{\pi}{2}$ 3 負

4 (1) $10\angle 45° = 10 \times (\cos 45° + j\sin 45°)$

$= 10 \times \left(\dfrac{\sqrt{2}}{2} + j\dfrac{\sqrt{2}}{2}\right) = 5\sqrt{2} + j5\sqrt{2}$

$= \mathbf{7.07 + j7.07}$

(2) $5\angle 60° = 5 \times (\cos 60° + j\sin 60°)$

$= 5 \times \left(\dfrac{1}{2} + j\dfrac{\sqrt{3}}{2}\right) = \dfrac{5}{2} + j\dfrac{5\sqrt{3}}{2}$

$= \mathbf{2.5 + j4.33}$

3 記号法による交流回路の計算 (p.73)

1 記号法による正弦波交流の表し方 (p.73)

1 1 $V\angle\alpha$ 2 $V\cos\alpha + jV\sin\alpha$

2 (1) $12\angle 90°$ V (2) $100\angle 0°$ V

(3) $3\angle -30°$ V

2 抵抗 R だけの回路の計算 (p.73)

1 1 R 2 $\sqrt{2}V$ 3 同相

2 (1) $I = \dfrac{V}{R} = \dfrac{10}{10^3} = 10 \times 10^{-3}$ A $=$ **10 mA**

(2)

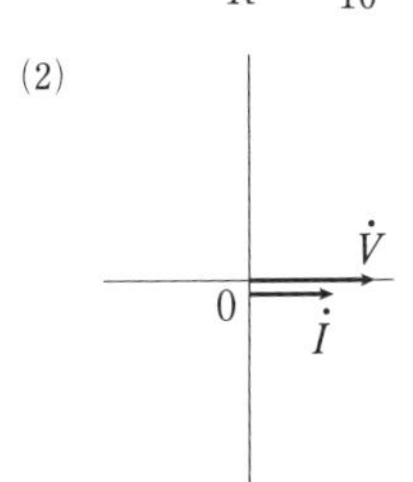

3 インダクタンス L だけの回路の計算 (p.74)

1 1 ωL 2 $\dfrac{\pi}{2}$ 3 遅ら

4 誘導性リアクタンス 5 $2\pi fL$

2 (1) $X_L = 2\pi fL = 2\pi \times 1000 \times 0.05 = \mathbf{314\,\Omega}$

(2) $X_L = 2\pi fL = 2\pi \times 20 \times 10^3 \times 15 \times 10^{-3}$

$= \mathbf{1.88\,k\Omega}$

3 (1) $X_L = 2\pi fL = 2\pi \times 60 \times 100 \times 10^{-3}$

$= \mathbf{37.7\,\Omega}$

(2) $I = \dfrac{V}{X_L} = \dfrac{10}{37.7} = \mathbf{0.265\,A}$

(3) 周波数 f が 2 倍になると誘導性リアクタンス X_L は，$X_L = 2\pi fL$ より 2 倍になる。一方，電流 I は，

$I = \dfrac{V}{X_L} = \dfrac{V}{2\pi fL}$ より，$\mathbf{\dfrac{1}{2}}$ **倍**となる。

(4)

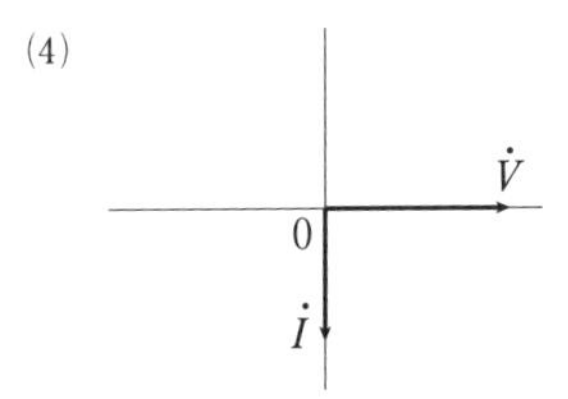

4 $i = \dfrac{e}{X_L} = \dfrac{100\sqrt{2}}{20}\sin\left(100\pi t - \dfrac{\pi}{2}\right)$

$= \mathbf{5\sqrt{2}\sin\left(100\pi t - \dfrac{\pi}{2}\right)\,[A]}$

5 (1) $X_L = \dfrac{V}{I} = \dfrac{10}{0.2} = \mathbf{50\,\Omega}$

(2) $2\pi \times 2 \times 10^3 \times L = 50$

$L = \dfrac{50}{2\pi \times 2 \times 10^3} = 3.98 \times 10^{-3}$ H

$= \mathbf{3.98\,mH}$

6 $X_L = 2\pi fL = 2\pi \times 50 \times 0.04 = 12.6\,\Omega$

$$i = \frac{100\sqrt{2}}{12.6}\sin\left(2\pi \times 50t - \frac{\pi}{2}\right)$$

$$= \mathbf{7.94\sqrt{2}\sin\left(100\pi t - \frac{\pi}{2}\right)\ [A]}$$

7 (1) $2\pi f = 200\pi$ より，$f = \frac{200\pi}{2\pi} = \mathbf{100\ Hz}$

(2) $X_L = 2\pi fL = 2\pi \times 100 \times 5 \times 10^{-3}$

$= 3.14\,\Omega$

$$i = \frac{v}{X_L} = \frac{100\sqrt{2}}{3.14}\sin\left(200\pi t + \frac{\pi}{6} - \frac{\pi}{2}\right)$$

$$= \mathbf{31.8\sqrt{2}\sin\left(200\pi t - \frac{1}{3}\pi\right)\ [A]}$$

4 静電容量 C だけの回路の計算 (p.76)

1 1 $\frac{1}{\omega C}$ 2 $\frac{\pi}{2}$ 3 進ま

4 容量性リアクタンス

5 $\frac{1}{2\pi fC}$

2 (1) $X_C = \frac{1}{2\pi fC} = \frac{1}{2\pi \times 600 \times 10 \times 10^{-6}}$

$= \mathbf{26.5\,\Omega}$

(2) $X_C = \frac{1}{2\pi fC} = \frac{1}{2\pi \times 10^6 \times 120 \times 10^{-12}}$

$= \mathbf{1.33 \times 10^3\,\Omega}$

3 (1) $X_C = \frac{1}{2\pi fC} = \frac{1}{2\pi \times 50 \times 100 \times 10^{-6}}$

$= \mathbf{31.8\,\Omega}$

(2) $I = \frac{V}{X_C} = \frac{10}{31.8} = \mathbf{0.314\ A}$

(3) 周波数 f が2倍になると容量性リアクタンス X_C は，$X_C = \frac{1}{2\pi fC}$ より $\frac{1}{2}$ 倍となる。一方，電流 I は，$I = \frac{V}{X_C} = 2\pi fCV$ であるから，**2倍**となる。

(4)

$\dot{I}$

$\dot{V}$

0

4 $i = \frac{e}{X_C} = \frac{100\sqrt{2}}{20}\sin\left(100\pi t + \frac{\pi}{2}\right)$

$$= \mathbf{5\sqrt{2}\sin\left(100\pi t + \frac{\pi}{2}\right)\ [A]}$$

5 (1) $X_C = \frac{V}{I} = \frac{10}{2} = \mathbf{5\,\Omega}$

(2) $\frac{1}{2\pi \times 2 \times 10^3 \times C} = 5$

$C = \frac{1}{2\pi \times 2 \times 10^3 \times 5} = 15.9 \times 10^{-6}\ \mathrm{F}$

$= \mathbf{15.9\ \mu F}$

6 $X_C = \frac{1}{2\pi fC} = \frac{1}{2\pi \times 50 \times 47 \times 10^{-6}}$

$= 67.8\,\Omega$

$$i = \frac{v}{X_C} = \frac{100\sqrt{2}}{67.8}\sin\left(2\pi \times 50t + \frac{\pi}{2}\right)$$

$$= \mathbf{1.47\sqrt{2}\sin\left(100\pi t + \frac{\pi}{2}\right)\ [A]}$$

7 (1) $2\pi f = 200\pi$ $f = \frac{200\pi}{2\pi} = \mathbf{100\ Hz}$

(2) $X_C = \frac{1}{2\pi fC} = \frac{1}{2\pi \times 100 \times 200 \times 10^{-6}}$

$= 7.96\,\Omega$

$$i = \frac{e}{X_C} = \frac{100\sqrt{2}}{7.96}\sin\left(200\pi t + \frac{\pi}{6} + \frac{\pi}{2}\right)$$

$$= \mathbf{12.6\sqrt{2}\sin\left(200\pi t + \frac{2}{3}\pi\right)\ [A]}$$

5 インピーダンス (p.78)

1 1 インピーダンス 2 $\dot{Z}$ 3 R 4 X

5 誘導性 6 容量性

7 インピーダンスの大きさ

8 インピーダンス角 9 インピーダンス三角形

2 (1) $R = \mathbf{10\,\Omega}$

(2) $X = \mathbf{10\sqrt{3}\,\Omega}$

(3) $Z = \sqrt{R^2 + X^2} = \sqrt{10^2 + (10\sqrt{3})^2} = \sqrt{400}$

$= \mathbf{20\,\Omega}$

(4) $\theta = \tan^{-1}\frac{X}{R} = \tan^{-1}\frac{10\sqrt{3}}{10} = \mathbf{\frac{\pi}{3}\ rad = 60^\circ}$

6 RL 直列回路の計算 (p.79)

1 1 R 2 jX_L 3 $(R + jX_L)$ 4 $(Z\angle\theta)$

5 $\dot{V}_R$

2 (1) $X_L = 2\pi fL = 2\pi \times 50 \times 127 \times 10^{-3}$

$= \mathbf{40\,\Omega}$

(2) $Z = \sqrt{R^2 + X_L^2} = \sqrt{30^2 + 40^2} = \mathbf{50\,\Omega}$

(3) $\theta = \tan^{-1}\frac{X_L}{R} = \tan^{-1}\frac{40}{30} = \mathbf{53.1^\circ}$

(4) $V_R = RI = 30 \times 3 = \mathbf{90\ V}$

(5) $V_L = X_L I = 40 \times 3 = \mathbf{120\ V}$

(6) $V = \sqrt{V_R^2 + V_L^2} = \sqrt{90^2 + 120^2} = \mathbf{150\ V}$

(7)

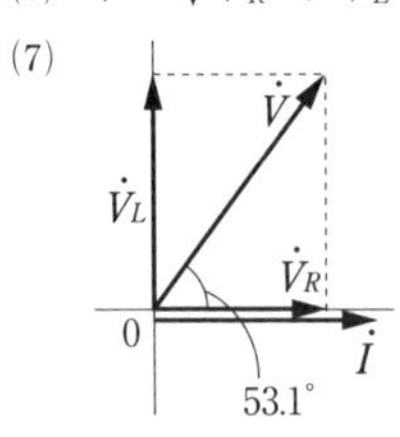

7 RC 直列回路の計算 (p.80)

1 1 R 2 $-jX_C$ 3 $(R - jX_C)$

4 $(Z\angle\theta)$ 5 $\dot{V}_R$

2 (1) $X_C = \frac{1}{2\pi fC} = \frac{1}{2\pi \times 50 \times 106 \times 10^{-6}}$

$= \mathbf{30\,\Omega}$

(2) $Z = \sqrt{R^2 + X_C{}^2} = \sqrt{40^2 + 30^2} = \mathbf{50\,\Omega}$

(3) $\theta = \tan^{-1}\left(-\dfrac{X_C}{R}\right) = \tan^{-1}\left(-\dfrac{30}{40}\right)$

$= \mathbf{-36.9°}$

(4) $V_R = RI = 40 \times 3 = \mathbf{120\,V}$

(5) $V_C = X_C I = 30 \times 3 = \mathbf{90\,V}$

(6) $V = \sqrt{V_R{}^2 + V_C{}^2} = \sqrt{120^2 + 90^2} = \mathbf{150\,V}$

(7)

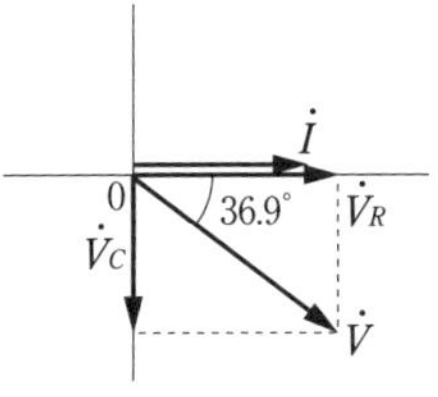

8 *RLC* 回路の計算 (p.81)

1 1 R 2 jX_L 3 $-jX_C$

4 $(R + jX_L - jX_C)$

2 (1) $X_L = 2\pi fL = 2\pi \times 50 \times 382 \times 10^{-3}$

$= \mathbf{120\,\Omega}$

(2) $X_C = \dfrac{1}{2\pi fC} = \dfrac{1}{2\pi \times 50 \times 53 \times 10^{-6}}$

$= \mathbf{60\,\Omega}$

(3) $Z = \sqrt{R^2 + (X_L - X_C)^2}$

$= \sqrt{80^2 + (120 - 60)^2}$

$= \sqrt{80^2 + 60^2} = \mathbf{100\,\Omega}$

(4) $V_R = RI = 80 \times 2 = \mathbf{160\,V}$

$V_L = X_L I = 120 \times 2 = \mathbf{240\,V}$

$V_C = X_C I = 60 \times 2 = \mathbf{120\,V}$

(5) $V = \sqrt{V_R{}^2 + (V_L - V_C)^2}$

$= \sqrt{160^2 + (240 - 120)^2}$

$= \sqrt{160^2 + 120^2} = \mathbf{200\,V}$

3 (1) $X_L = 2\pi fL = 2\pi \times 50 \times 200 \times 10^{-3}$

$= \mathbf{62.8\,\Omega}$

(2) $X_C = \dfrac{1}{2\pi fC} = \dfrac{1}{2\pi \times 50 \times 100 \times 10^{-6}}$

$= \mathbf{31.8\,\Omega}$

(3) $Z = \sqrt{R^2 + (X_L - X_C)^2}$

$= \sqrt{40^2 + (62.8 - 31.8)^2}$

$= \sqrt{40^2 + 31^2} = \mathbf{50.6\,\Omega}$

(4) $I = \dfrac{E}{Z} = \dfrac{100}{50.6} = \mathbf{1.98\,A}$

4 (1) $X_L = 2\pi fL = 2\pi \times 60 \times 50 \times 10^{-3}$

$= \mathbf{18.8\,\Omega}$

(2) $X_C = \dfrac{1}{2\pi fC} = \dfrac{1}{2\pi \times 60 \times 80 \times 10^{-6}}$

$= \mathbf{33.2\,\Omega}$

(3) $Z = \sqrt{R^2 + (X_L - X_C)^2}$

$= \sqrt{20^2 + (18.8 - 33.2)^2} = \mathbf{24.6\,\Omega}$

(4) $I = \dfrac{E}{Z} = \dfrac{50}{24.6} = \mathbf{2.03\,A}$

9 並列回路とアドミタンス (p.83)

1 1 R 2 jX_L 3 $-jX_C$

2 (1) (a) $\dot{I}_R = \dfrac{\dot{E}}{R} = \dfrac{100}{50} = \mathbf{2\,A}$

(b) $X_L = 2\pi fL = 2\pi \times 50 \times 159.2 \times 10^{-3}$

$= 50\,\Omega$

$\dot{I}_L = \dfrac{\dot{E}}{jX_L} = \dfrac{100}{j50} = \dfrac{j2}{j^2} = \mathbf{-j2\,A}$

(c) $\dot{I} = \dot{I}_R + \dot{I}_L = 2 - j2\,A$

$I = \sqrt{2^2 + 2^2} = \sqrt{8} = 2.83\,A$

$\theta = \tan^{-1}\dfrac{-2}{2} = -45°$

よって，$\dot{I} = I\angle\theta = \mathbf{2.83\angle-45°\,A}$

(2) (a) $X_C = \dfrac{1}{2\pi fC}$

$= \dfrac{1}{2\pi \times 50 \times 79.62 \times 10^{-6}}$

$= 40\,\Omega$

$\dot{I}_C = \dfrac{\dot{E}}{-jX_C} = \dfrac{100}{-j40} = \dfrac{j2.5}{-j^2} = \mathbf{j2.5\,A}$

(b) $\dot{I} = \dot{I}_R + \dot{I}_L + \dot{I}_C = 2 - j2 + j2.5$

$= 2 + j0.5\,A$

$I = \sqrt{2^2 + 0.5^2} = 2.06\,A$

$\theta = \tan^{-1}\dfrac{0.5}{2} = 14.0°$

よって，$\dot{I} = I\angle\theta = \mathbf{2.06\angle14.0°\,A}$

3 (1) (a) $\dot{I}_R = \dfrac{\dot{E}}{R} = \dfrac{120}{60} = \mathbf{2\,A}$

(b) $X_C = \dfrac{1}{2\pi fC} = \dfrac{1}{2\pi \times 60 \times 44.23 \times 10^{-6}}$

$= 60\,\Omega$

$\dot{I}_C = \dfrac{\dot{E}}{-jX_C} = \dfrac{120}{-j60} = \dfrac{j2}{-j^2} = \mathbf{j2\,A}$

(c) $\dot{I} = \dot{I}_R + \dot{I}_C = 2 + j2\,A$

$I = \sqrt{2^2 + 2^2} = 2.83A \quad \theta = \tan^{-1}\dfrac{2}{2} = 45°$

よって，$\dot{I} = I\angle\theta = \mathbf{2.83\angle45°\,A}$

(2) (a) $X_L = 2\pi fL = 2\pi \times 60 \times 79.62 \times 10^{-3}$

$= 30\,\Omega$

$\dot{I}_L = \dfrac{\dot{E}}{jX_L} = \dfrac{120}{j30} = \dfrac{j4}{j^2} = \mathbf{-j4\,A}$

(b) $\dot{I} = \dot{I}_R + \dot{I}_L + \dot{I}_C = 2 - j4 + j2$

$= 2 - j2\,A$

$I = \sqrt{2^2 + 2^2} = 2.83\,A$

$\theta = \tan^{-1}\dfrac{-2}{2} = -45°$

よって，$\dot{I} = I\angle\theta = \mathbf{2.83\angle-45°\,A}$

4 (1) $\dot{I}_R = \dfrac{\dot{E}}{R} = \dfrac{60}{30} = \mathbf{2\,A}$

(2) $X_L = 2\pi fL = 2\pi \times 50 \times 191 \times 10^{-3}$
$= 60\,\Omega$

$\dot{I}_L = \dfrac{\dot{E}}{jX_L} = \dfrac{60}{j60} = \dfrac{1}{j} = \dfrac{j}{j^2} = \boldsymbol{-j\,\mathrm{A}}$

(3) $X_C = \dfrac{1}{2\pi fC} = \dfrac{1}{2\pi \times 50 \times 106 \times 10^{-6}}$
$= 30\,\Omega$

$\dot{I}_C = \dfrac{\dot{E}}{-jX_C} = \dfrac{60}{-j30} = \dfrac{j2}{-j^2} = \boldsymbol{j2\,\mathrm{A}}$

(4) $\dot{I} = \dot{I}_R + \dot{I}_L + \dot{I}_C = 2 - j + j2 = 2 + j\,\mathrm{A}$
$I = \sqrt{2^2 + 1^2} = \sqrt{5} = 2.24\,\mathrm{A}$

$\theta = \tan^{-1}\dfrac{1}{2} = 26.6°$

よって，$\dot{I} = I\angle\theta = \mathbf{2.24\angle 26.6°\ A}$

4 共振回路 (p.85)

1 直列共振回路 (p.85)

2 並列共振回路 (p.85)

1 1 最大 **2** 直列共振 **3** 共振周波数
4 $\dfrac{1}{2\pi\sqrt{LC}}$ **5** 0 **6** 並列共振
7 共振周波数 **8** $\dfrac{1}{2\pi\sqrt{LC}}$

2 (1) $f_0 = \dfrac{1}{2\pi\sqrt{LC}}$

$= \dfrac{1}{2\pi\sqrt{25 \times 10^{-3} \times 490 \times 10^{-12}}}$

$= 45.5 \times 10^3\,\mathrm{Hz} = \mathbf{45.5\,kHz}$

(2) $Z = R = \mathbf{2\,\Omega}$

(3) $I = \dfrac{V}{R} = \dfrac{10}{2} = \mathbf{5\,A}$

(4)

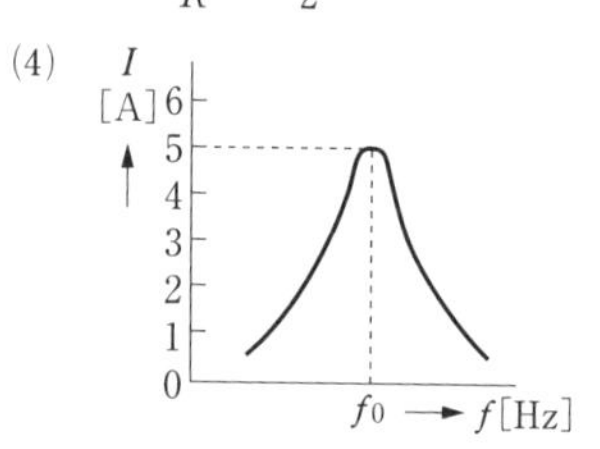

5 交流回路の電力 (p.86)

1 電力と力率 (p.86)

1 1 瞬時電力
2，3 有効電力，消費電力（順不同） 4 力率

2 (1) $Z = \sqrt{R^2 + X_L^2} = \sqrt{40^2 + 30^2} = \mathbf{50\,\Omega}$

(2) $\theta = \tan^{-1}\dfrac{X_L}{R} = \tan^{-1}\dfrac{30}{40} = \mathbf{36.9°}$

$\cos\theta = \dfrac{R}{Z} = \dfrac{40}{50} = \mathbf{0.8}$

(3) $I = \dfrac{V}{Z} = \dfrac{100}{50} = \mathbf{2\,A}$

$P = VI\cos\theta = 100 \times 2 \times 0.8 = \mathbf{160\,W}$

3 (1) $Z = \sqrt{R^2 + X_C^2} = \sqrt{3^2 + 4^2} = \mathbf{5\,\Omega}$

(2) $\theta = \tan^{-1}\left(-\dfrac{X_C}{R}\right) = \tan^{-1}\left(-\dfrac{4}{3}\right)$
$= -53.1°$

よって，位相差は **53.1°**

$\cos\theta = \dfrac{R}{Z} = \dfrac{3}{5} = \mathbf{0.6}$

(3) $I = \dfrac{V}{Z} = \dfrac{10}{5} = \mathbf{2\,A}$

$P = VI\cos\theta = 10 \times 2 \times 0.6 = \mathbf{12\,W}$

2 皮相電力・有効電力・無効電力の関係 (p.87)

1 1 皮相電力 **2** S **3** V·A **4** 無効電力
5 Q **6** var **7** $P^2 + Q^2$

2 (1) $S = VI = 100 \times 5 = \mathbf{500\,V\cdot A}$

(2) $\cos\theta = \dfrac{P}{S} = \dfrac{400}{500} = \mathbf{0.8}$

(3) $\sin\theta = \sqrt{1 - \cos^2\theta} = \sqrt{1 - 0.8^2} = 0.6$
$Q = S\sin\theta = 500 \times 0.6 = \mathbf{300\,var}$

3 (1) $Z = \sqrt{R^2 + (X_L - X_C)^2}$
$= \sqrt{30^2 + (50 - 10)^2}$
$= \sqrt{30^2 + 40^2} = \mathbf{50\,\Omega}$

$I = \dfrac{V}{Z} = \dfrac{100}{50} = \mathbf{2\,A}$

(2) $\cos\theta = \dfrac{R}{Z} = \dfrac{30}{50} = \mathbf{0.6}$

(3) $P = VI\cos\theta = 100 \times 2 \times 0.6 = \mathbf{120\,W}$
$S = VI = 100 \times 2 = \mathbf{200\,V\cdot A}$
$\sin\theta = \sqrt{1 - \cos^2\theta} = \sqrt{1 - 0.6^2} = 0.8$
$Q = VI\sin\theta = 100 \times 2 \times 0.8 = \mathbf{160\,var}$

6 三相交流 (p.88)

1 三相交流の基礎 (p.88)

1 1 $\left(\omega t - \dfrac{2}{3}\pi\right)$ **2** $\left(\omega t - \dfrac{4}{3}\pi\right)$ **3** 相電圧
4，5 相順，相回転（順不同）
6，7 対称三相交流起電力，三相交流起電力（順不同） 8 三相交流電源

2 $\dot{E}_b = E\left\{\cos\left(-\dfrac{2}{3}\pi\right) + j\sin\left(-\dfrac{2}{3}\pi\right)\right\}$

$= \boldsymbol{E}\left(-\dfrac{1}{2} - \boldsymbol{j}\dfrac{\sqrt{3}}{2}\right)$ **[V]**

$\dot{E}_c = E\left\{\cos\left(-\dfrac{4}{3}\pi\right) + j\sin\left(-\dfrac{4}{3}\pi\right)\right\}$

$= \boldsymbol{E}\left(-\dfrac{1}{2} + \boldsymbol{j}\dfrac{\sqrt{3}}{2}\right)$ **[V]**

$\dot{E}_a + \dot{E}_b + \dot{E}_c$

$= E + E\left(-\frac{1}{2} - j\frac{\sqrt{3}}{2}\right) + E\left(-\frac{1}{2} + j\frac{\sqrt{3}}{2}\right)$

$= E\left(1 - \frac{1}{2} - \frac{1}{2} - j\frac{\sqrt{3}}{2} + j\frac{\sqrt{3}}{2}\right)$

$= E \times 0 = \mathbf{0}$

3 1 三相交流回路 2，3 Y 結線，星形結線（順不同） 4，5 Δ 結線，三角結線（順不同） 6 中性点

2 Y−Y 回路 (p.89)

1 1 Y−Y 2 等しい 3 $\sqrt{3}\,V_p$

2 $\dot{I}_b = \frac{E}{Z}\angle\left(-\frac{2}{3}\pi - \theta\right)$ [A]

$\dot{I}_c = \frac{E}{Z}\angle\left(-\frac{4}{3}\pi - \theta\right)$ [A]

3 (1) $V_l = \sqrt{3}\,V_p = 1.73 \times 200 = \mathbf{346\ V}$

(2) $I_p = I_l = \frac{V_p}{Z} = \frac{200}{20} = \mathbf{10\ A}$

(3) インピーダンス角 $\frac{\pi}{6}$ **rad** に等しい。

3 Δ−Δ 回路 (p.90)

4 Y−Δ と Δ−Y の等価変換 (p.90)

1 1 Δ−Δ 2 等しい 3 $\sqrt{3}I_p$

2 (1) $Z = \sqrt{R^2 + X_C{}^2} = \sqrt{30^2 + 40^2} = \mathbf{50\ \Omega}$

(2) $\cos\theta = \frac{R}{Z} = \frac{30}{50} = 0.6$ よって，**60 %**

(3) $I_l = \sqrt{3}I_p = \sqrt{3} \times 5 = \mathbf{8.65\ A}$

3 $\dot{Z}_\Delta = 3\dot{Z}_Y = 180\angle\frac{\pi}{3} = 180\angle 60°$

$= 180 \times (\cos 60° + j\sin 60°)$

$= 180 \times \left(\frac{1}{2} + j\frac{\sqrt{3}}{2}\right) = \mathbf{90 + j90\sqrt{3}\ \Omega}$

4 $\dot{Z}_Y = \frac{\dot{Z}_\Delta}{3} = 20\angle -\frac{\pi}{3} = 20\angle -60°$

$= 20 \times \{\cos(-60°) + j\sin(-60°)\}$

$= 20 \times \left(\frac{1}{2} - j\frac{\sqrt{3}}{2}\right) = \mathbf{10 - j10\sqrt{3}\ \Omega}$

5 三相電力 (p.91)

1 1 三相電力 2 和 3 $V_pI_p\cos\theta$ 4 $3V_pI_p\cos\theta$ 5 $\sqrt{3}\,V_p$ 6 I_p 7 V_p 8 $\sqrt{3}I_p$ 9 $\sqrt{3}\,V_lI_l\cos\theta$

2 $P = \sqrt{3}\,V_lI_l\cos\theta = \sqrt{3} \times 200 \times 20 \times 0.8$

$= 5.54 \times 10^3\ \text{W} = \mathbf{5.54\ kW}$

3 (1) $V_l = \sqrt{3}\,V_p = \sqrt{3} \times 100 = \mathbf{173\ V}$

(2) $I_p = \frac{V_p}{Z} = \frac{100}{20} = \mathbf{5\ A}$

(3) $P = 3V_pI_p\cos\theta = 3 \times 100 \times 5 \times \cos\frac{\pi}{3}$

$= \mathbf{750\ W}$

4 (1) $Z = \sqrt{R^2 + X_C{}^2} = \sqrt{16^2 + 12^2} = 20\ \Omega$

$\cos\theta = \frac{R}{Z} = \frac{16}{20} = 0.8$ よって，**80 %**

(2) $V_p = \frac{V_l}{\sqrt{3}} = \frac{346}{\sqrt{3}} = \mathbf{200\ V}$

(3) $I_l = \frac{V_p}{Z} = \frac{200}{20} = \mathbf{10\ A}$

(4) $P = \sqrt{3}\,V_lI_l\cos\theta = \sqrt{3} \times 346 \times 10 \times 0.8$

$= 4.79 \times 10^3\ \text{W} = \mathbf{4.79\ kW}$

5 (1) $Z = \sqrt{R^2 + X_L{}^2} = \sqrt{24^2 + 32^2} = 40\ \Omega$

$\cos\theta = \frac{R}{Z} = \frac{24}{40} = 0.6$ よって，**60 %**

(2) $I_p = \frac{V_p}{Z} = \frac{300}{40} = \mathbf{7.5\ A}$

(3) $I_l = \sqrt{3}I_p = \sqrt{3} \times 7.5 = \mathbf{13\ A}$

(4) $P = \sqrt{3}\,V_lI_l\cos\theta$

$= \sqrt{3} \times 300 \times 13 \times 0.6$

$= 4.05 \times 10^3\ \text{W} = \mathbf{4.05\ kW}$

6 (1) 負荷を Δ 結線から Y 結線へ等価変換して考える。

$\dot{Z}_Y = \frac{\dot{Z}_\Delta}{3} = \frac{18 + j24}{3} = 6 + j8\ [\Omega]$

$Z_Y = \sqrt{R^2 + X_L{}^2} = \sqrt{6^2 + 8^2} = 10\ \Omega$

$\cos\theta = \frac{R_Y}{Z_Y} = \frac{6}{10} = 0.6$ よって，**60 %**

(2) $I_l = \frac{V_p}{Z_Y} = \frac{400}{10} = \mathbf{40\ A}$

(3) $P = \sqrt{3}\,V_lI_l\cos\theta$

$= \sqrt{3} \times 400\sqrt{3} \times 40 \times 0.6$

$= 28800\ \text{W} = \mathbf{28.8\ kW}$

7 (1) 負荷を Y 結線から Δ 結線へ等価変換して考える。

$\dot{Z}_\Delta = 3\dot{Z}_Y = 3 \times (4 - j3) = 12 - j9\ [\Omega]$

$Z_\Delta = \sqrt{R^2 + X_C{}^2} = \sqrt{12^2 + 9^2} = 15\ \Omega$

$\cos\theta = \frac{R_\Delta}{Z_\Delta} = \frac{12}{15} = 0.8$ よって，**80 %**

(2) $I_p = \frac{V_p}{Z_\Delta} = \frac{300}{15} = \mathbf{20\ A}$

(3) $I_l = \sqrt{3}I_p = \sqrt{3} \times 20 = \mathbf{34.6\ A}$

(4) $P = 3V_pI_p\cos\theta = 3 \times 300 \times 20 \times 0.8$

$= 14400\ \text{W}$

$= \mathbf{14.4\ kW}$

章末問題1 (p.94)

1 1 最大値 2 周波数 3 時間 4 瞬時値 5 同相 6 $\frac{\pi}{2}$ 7 遅れる 8 $\frac{\pi}{2}$ 9 進む

2 $v = V_m \sin 2\pi f t = 100\sqrt{2}\sin(2\pi \times 50t)$

$= \mathbf{100\sqrt{2}\sin 100\pi t}$ [V]

3 $f_0 = \dfrac{1}{2\pi\sqrt{LC}}$

$= \dfrac{1}{2\pi\sqrt{100 \times 10^{-3} \times 16 \times 10^{-6}}}$

$= \mathbf{126\ Hz}$

$I = \dfrac{V}{R} = \dfrac{10}{5} = \mathbf{2\ A}$

4 $Z = \dfrac{V}{I} = \dfrac{100}{5} = 20\ \Omega$

$X_L = \sqrt{Z^2 - R^2} = \sqrt{20^2 - 15^2} = 13.2\ \Omega$

$\dot{Z} = \mathbf{15 + j13.2\ \Omega}$

$\theta = \tan^{-1}\left(\dfrac{X_L}{R}\right) = \tan^{-1}\left(\dfrac{13.2}{15}\right) = 41.3°$

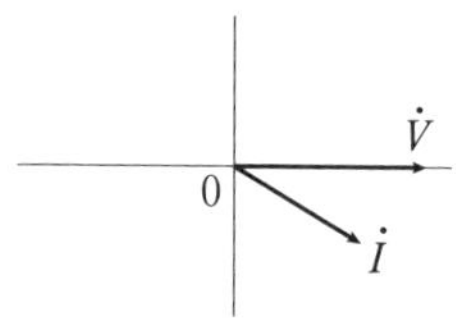

5 $Z = \dfrac{V}{I} = \dfrac{100}{4} = 25\ \Omega$

$X_C = \sqrt{Z^2 - R^2} = \sqrt{25^2 - 20^2} = 15\ \Omega$

$\dot{Z} = \mathbf{20 - j15\ \Omega}$

$\theta = \tan^{-1}\left(-\dfrac{X_C}{R}\right) = \tan^{-1}\left(\dfrac{-15}{20}\right)$

$= -36.9°$

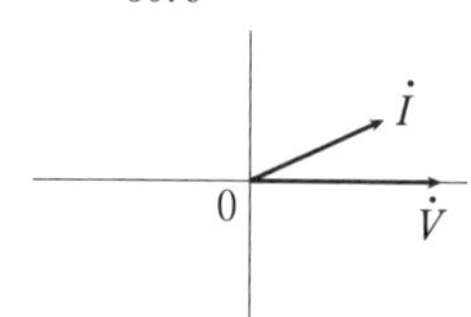

6 (1) $X_L = 2\pi f L = 2\pi \times 60 \times 265.4 \times 10^{-3}$

$= 100\ \Omega$

$X_C = \dfrac{1}{2\pi f C} = \dfrac{1}{2\pi \times 60 \times 66.35 \times 10^{-6}}$

$= 40\ \Omega$

$Z = \sqrt{R^2 + (X_L - X_C)^2}$

$= \sqrt{80^2 + (100 - 40)^2}$

$= \mathbf{100\ \Omega}$

(2) $I = \dfrac{E}{Z} = \dfrac{100}{100} = \mathbf{1\ A}$

(3) $S = EI = 100 \times 1 = \mathbf{100\ V \cdot A}$

(4) $\cos\theta = \dfrac{R}{Z} = \dfrac{80}{100} = 0.8$

$P = EI\cos\theta = 100 \times 1 \times 0.8 = \mathbf{80\ W}$

(5) $Q = \sqrt{S^2 - P^2} = \sqrt{100^2 - 80^2} = \mathbf{60\ var}$

(6) $f_0 = \dfrac{1}{2\pi\sqrt{LC}}$

$= \dfrac{1}{2\pi \times \sqrt{265.4 \times 10^{-3} \times 66.35 \times 10^{-6}}}$

$= \mathbf{37.9\ Hz}$

7 (1) $\dot{I}_R = \dfrac{\dot{E}}{R} = \dfrac{100}{50} = \mathbf{2\ A}$

(2) $X_L = 2\pi f L = 2\pi \times 60 \times 266 \times 10^{-3}$

$= 100\ \Omega$

$\dot{I}_L = \dfrac{\dot{E}}{jX_L} = \dfrac{100}{j100} = \dfrac{j}{j^2} = \mathbf{-j\ A}$

(3) $X_C = \dfrac{1}{2\pi f C} = \dfrac{1}{2\pi \times 60 \times 53.1 \times 10^{-6}}$

$= 50\ \Omega$

$\dot{I}_C = \dfrac{\dot{E}}{-jX_C} = \dfrac{100}{-j50} = \dfrac{j2}{-j^2} = \mathbf{j2\ A}$

(4) $\dot{I} = \dot{I}_R + \dot{I}_L + \dot{I}_C = 2 - j + j2 = 2 + j\ \mathrm{A}$

$I = \sqrt{2^2 + 1^2} = \sqrt{5} = 2.24\ \mathrm{A}$

$\theta = \tan^{-1}\dfrac{1}{2} = 26.6°$

よって，$\dot{I} = I\angle\theta = \mathbf{2.24\angle 26.6°\ A}$

8 (1) $\dot{Z} = \dfrac{-j20(10 + j20)}{-j20 + 10 + j20}$

$= \dfrac{-j200 - j^2 400}{10} = \dfrac{400 - j200}{10}$

$= \mathbf{40 - j20\ \Omega}$

(2) $\dot{I} = \dfrac{\dot{E}}{\dot{Z}} = \dfrac{50}{40 - j20} = \dfrac{5}{4 - j2}$

$= \dfrac{5(4 + j2)}{(4 - j2)(4 + j2)} = \dfrac{20 + j10}{16 - j^2 4}$

$= \dfrac{20 + j10}{20} = \mathbf{1 + j0.5\ A}$

(3) $\dot{I}_1 = \dfrac{\dot{E}}{R + jX_L} = \dfrac{50}{10 + j20}$

$= \dfrac{5(1 - j2)}{(1 + j2)(1 - j2)} = \dfrac{5 - j10}{1 - j^2 4}$

$= \mathbf{1 - j2\ A}$

(4) $I_1 = \sqrt{1^2 + 2^2} = \sqrt{5}\ \mathrm{A}$

$P = I_1^2 R = (\sqrt{5})^2 \times 10 = \mathbf{50\ W}$

9 (1) $\dot{Z} = 5 + \dfrac{j10(20 - j10)}{j10 + 20 - j10}$

$= 5 + \dfrac{j200 - j^2 100}{20}$

$= 5 + j10 + 5 = \mathbf{10 + j10\ \Omega}$

(2) $\dot{I} = \dfrac{\dot{E}}{\dot{Z}} = \dfrac{50}{10 + j10} = \dfrac{5}{1 + j}$

$= \dfrac{5(1 - j)}{(1 + j)(1 - j)} = \dfrac{5 - j5}{1 - j^2} = \dfrac{5 - j5}{2}$

$= \mathbf{2.5 - j2.5\ A}$

(3) $I = \sqrt{2.5^2 + 2.5^2} = \sqrt{12.5}\ \mathrm{A}$

$P = I^2 R = 12.5 \times 5 = \mathbf{62.5\ W}$

(4) $\dot{I}_1 = \dot{I} \times \dfrac{j10}{j10 + 20 - j10}$

$= (2.5 - j2.5) \times \dfrac{j}{2}$

$= \dfrac{2.5j}{2} - j^2\dfrac{2.5}{2} = \mathbf{1.25 + j1.25\ A}$

(5) $I_1 = \sqrt{1.25^2 + 1.25^2} = \sqrt{3.125}$ A

$P = I_1^2 R = 3.125 \times 20 = \mathbf{62.5\ W}$

10 (1) $\dot{I}_1 = \dfrac{\dot{E}}{R - jX_C} = \dfrac{50}{15 - j10} = \dfrac{10}{3 - j2}$

$= \dfrac{10(3 + j2)}{(3 - j2)(3 + j2)} = \dfrac{30 + j20}{9 - j^2 4}$

$= \dfrac{30 + j20}{13} = \mathbf{2.31 + j1.54\ A}$

(2) $\dot{Z} = \dfrac{(15 - j10)(10 + j10)}{15 - j10 + 10 + j10}$

$= \dfrac{150 + j150 - j100 - j^2 100}{25}$

$= \dfrac{250 + j50}{25} = \mathbf{10 + j2\ \Omega}$

(3) $\dot{I} = \dfrac{\dot{E}}{\dot{Z}} = \dfrac{50}{10 + j2} = \dfrac{25}{5 + j}$

$= \dfrac{25(5 - j)}{(5 + j)(5 - j)}$

$= \dfrac{125 - j25}{25 - j^2} = \dfrac{125 - j25}{26}$

$= \mathbf{4.81 - j0.962\ A}$

(4) $\dot{I}_2 = \dot{I} - \dot{I}_1 = 4.81 - j0.962 - 2.31 - j1.54$

$= \mathbf{2.5 - j2.5\ A}$

(5) $I_2 = \sqrt{2.5^2 + 2.5^2} = \sqrt{12.5}$ A

$P = I_2^2 R = 12.5 \times 10 = \mathbf{125\ W}$

11 (1) $\dot{I}_1 = \dfrac{\dot{E}}{R + jX_L} = \dfrac{100}{40 + j30} = \dfrac{10}{4 + j3}$

$= \dfrac{10(4 - j3)}{(4 + j3)(4 - j3)} = \dfrac{40 - j30}{16 - j^2 9}$

$= \dfrac{40 - j30}{25} = \mathbf{1.6 - j1.2\ A}$

(2) $\dot{Z} = \dfrac{(40 + j30)(30 - j40)}{40 + j30 + 30 - j40}$

$= \dfrac{1200 - j1600 + j900 - j^2 1200}{70 - j10} = \dfrac{2400 - j700}{70 - j10}$

$= \dfrac{240 - j70}{7 - j} = \dfrac{(240 - j70)(7 + j)}{(7 - j)(7 + j)}$

$= \dfrac{1680 + j240 - j490 - j^2 70}{49 - j^2} = \dfrac{1750 - j250}{50}$

$= \mathbf{35 - j5\ \Omega}$

(3) $\dot{I} = \dfrac{\dot{E}}{\dot{Z}} = \dfrac{100}{35 - j5} = \dfrac{20}{7 - j}$

$= \dfrac{20(7 + j)}{(7 - j)(7 + j)} = \dfrac{140 + j20}{49 - j^2}$

$= \dfrac{140 + j20}{50} = \mathbf{2.8 + j0.4\ A}$

(4) $\dot{I}_2 = \dot{I} - \dot{I}_1 = 2.8 + j0.4 - 1.6 + j1.2$

$= \mathbf{1.2 + j1.6\ A}$

(5) $I_2 = \sqrt{1.2^2 + 1.6^2} = 2$ A

$P = I_2^2 R = 2^2 \times 30 = \mathbf{120\ W}$

章末問題 2 (p. 98)

1 (1) $f = \dfrac{1}{T} = \dfrac{1}{0.01} = 100$ Hz

$\omega = 2\pi f = 2\pi \times 100 = 200\pi$ rad/s

$i = I_m \sin(\omega t + \alpha) = \mathbf{50 \sin\left(200\pi t + \dfrac{\pi}{4}\right)\ [A]}$

(2) $X_L = 2\pi f L = 2\pi \times 1.5 \times 10^3 \times 10 \times 10^{-3}$

$= \mathbf{94.2\ \Omega}$

(3) $f_0 = \dfrac{1}{2\pi\sqrt{LC}} = \dfrac{1}{2\pi\sqrt{10 \times 10^{-3} \times 1 \times 10^{-6}}}$

$= 1592\text{Hz} = \mathbf{1.59\ kHz}$

(4) $Z = \sqrt{R^2 + (X_L - X_C)^2}$

$= \sqrt{30^2 + (70 - 30)^2} = 50\ \Omega$

$\cos\theta = \dfrac{R}{Z} = \dfrac{30}{50} = \mathbf{0.6}$

以上より，解答欄は次のようになる。

(1)	イ
(2)	キ
(3)	コ
(4)	ス

2 (1) $v = V_m \sin(\omega t - \beta)$

$= \mathbf{100 \sin\left(\omega t - \dfrac{\pi}{2}\right)\ [V]}$

(2) $X_C = \dfrac{1}{2\pi f C} = \dfrac{1}{2\pi \times 100 \times 159 \times 10^{-6}}$

$= \mathbf{10\ \Omega}$

(3) $f_0 = \dfrac{1}{2\pi\sqrt{LC}}$

$= \dfrac{1}{2\pi \times \sqrt{2 \times 10^{-3} \times 0.2 \times 10^{-6}}}$

$= 7962\ \text{Hz} = \mathbf{7.96\ kHz}$

(4) $Z = \sqrt{R^2 + X_C{}^2} = \sqrt{16^2 + 12^2} = 20\ \Omega$

$I = \dfrac{V}{Z} = \dfrac{200}{20} = 10$ A

$\cos\theta = \dfrac{R}{Z} = \dfrac{16}{20} = 0.8$

$P = VI\cos\theta = 200 \times 10 \times 0.8 = \mathbf{1600\ W}$

以上より，解答欄は次のようになる。

(1)	イ
(2)	カ
(3)	ク
(4)	シ

3 (1) $v = V_m \sin(2\pi ft + \theta)$

$= 100\sqrt{2}\sin(2\pi \times 60t + \theta)$

$= \mathbf{100\sqrt{2}\sin(120\pi t + \theta)\ [V]}$

(2) $X_L = 2\pi fL = 2\pi \times 50 \times 31.8 \times 10^{-3}$

$= 10\,\Omega$

$X_C = \dfrac{1}{2\pi fC} = \dfrac{1}{2\pi \times 50 \times 79.6 \times 10^{-6}}$

$= 40\,\Omega$

$Z = \sqrt{R^2 + (X_L - X_C)^2}$

$= \sqrt{40^2 + (10 - 40)^2} = 50\,\Omega$

$I = \dfrac{E}{Z} = \dfrac{120}{50} = 2.4\ \mathrm{A}$

$V_C = X_C I = 40 \times 2.4 = \mathbf{96\ V}$

(3) $P = \sqrt{S^2 - Q^2} = \sqrt{100^2 - 60^2} = \mathbf{80\ W}$

以上より，解答欄は次のようになる。

(1)	ア
(2)	カ
(3)	サ

4 (1) $\dot{I}_R = \dfrac{V}{R} = \dfrac{120}{30} = \mathbf{4\ A}$

(2) $\dot{I}_L = \dfrac{120}{j60} = \dfrac{j2}{j^2} = \mathbf{-j2\ A}$

$\dot{I}_C = \dfrac{120}{-j20} = \dfrac{j6}{-j^2} = \mathbf{j6\ A}$

(3) $\dot{I} = \dot{I}_R + \dot{I}_L + \dot{I}_C = 4 - j2 + j6$

$= \mathbf{4 + j4\ A}$

(4) $\theta = \tan^{-1}\dfrac{4}{4} = \mathbf{45^\circ}$

(5) 全電流 $\dot{I}$ は電圧 $\dot{V}$ より 45° 位相が進んでいるから

容量性

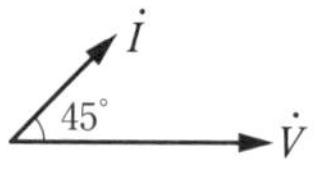

以上より，解答欄は次のようになる。

(1)	エ
(2)	キ
(3)	シ
(4)	セ
(5)	タ

5 (1) $\dot{Y}_R = \dfrac{1}{R} = \dfrac{1}{20} = \mathbf{0.05\ S}$

$\dot{Y}_C = \dfrac{1}{-jX_c} = \dfrac{1}{-j40} = \dfrac{0.025 \times j}{-j^2}$

$= \mathbf{j0.025\ S}$

(2) $\dot{Y} = \dot{Y}_R + \dot{Y}_C = \mathbf{0.05 + j0.025\ S}$

(3) $\dot{I}_R = \dot{Y}_R \dot{V} = 0.05 \times 120 = \mathbf{6\ A}$

$\dot{I}_C = \dot{Y}_C \dot{V} = j0.025 \times 120 = \mathbf{j3\ A}$

(4) $\dot{I} = \dot{I}_R + \dot{I}_C = \mathbf{6 + j3\ A}$

(5) $\theta = \tan^{-1}\dfrac{3}{6} = \mathbf{26.6^\circ}$

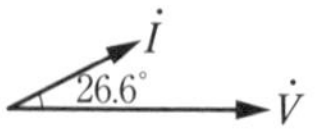

以上より，解答欄は次のようになる。

(1)	ア
(2)	カ
(3)	ケ
(4)	サ
(5)	セ

6 (1) $X_L = 2\pi fL = 2\pi \times 50 \times 95.5 \times 10^{-3}$

$= \mathbf{30\ \Omega}$

(2) $X_C = \dfrac{1}{2\pi fC} = \dfrac{1}{2\pi \times 50 \times 53.1 \times 10^{-6}}$

$= 60\,\Omega$

$Z = \sqrt{R^2 + (X_L - X_C)^2}$

$= \sqrt{40^2 + (30 - 60)^2}$

$= \mathbf{50\ \Omega}$

(3) $I = \dfrac{V}{Z} = \dfrac{100}{50} = \mathbf{2\ A}$

(4) $\dot{I} = \dfrac{\dot{V}}{\dot{Z}} = \dfrac{100}{40 + j30 - j60} = \dfrac{100}{40 - j30}$

$= \dfrac{10}{4 - j3} = \dfrac{10(4 + j3)}{(4 - j3)(4 + j3)}$

$= \dfrac{40 + j30}{16 - j^2 9} = \dfrac{40 + j30}{25}$

$= 1.6 + j1.2\ \mathrm{A}$

$\theta = \tan^{-1}\dfrac{1.2}{1.6} = \mathbf{36.9^\circ}$

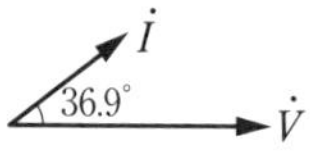

以上より，解答欄は次のようになる。

(1)	ア
(2)	ウ
(3)	カ
(4)	ケ

7 (1) $V_l = \sqrt{3}\,V_p = 1.73 \times 120 = \mathbf{208\ V}$

(2) $Z = \sqrt{R^2 + X_L{}^2} = \sqrt{30^2 + 40^2} = 50\,\Omega$

$\cos\theta = \dfrac{R}{Z} = \dfrac{30}{50} = 0.6 = \mathbf{60\ \%}$

(3) $I_p = \dfrac{V_p}{Z} = \dfrac{120}{50} = \mathbf{2.4\ A}$

(4) $P = 3V_p I_p \cos\theta = 3 \times 120 \times 2.4 \times 0.6$

$= \mathbf{518\ W}$

以上より，解答欄は次のようになる。

(1)	ウ
(2)	キ
(3)	コ
(4)	セ

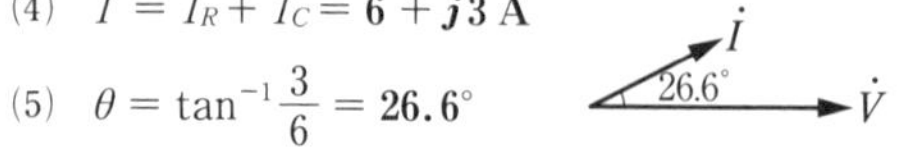

8 (1) $Z = \sqrt{R^2 + X_C{}^2} = \sqrt{8^2 + 6^2} = 10\,\Omega$

$\cos\theta = \dfrac{R}{Z} = \dfrac{8}{10} = 0.8 = \mathbf{80\ \%}$

(2) $I_p = \dfrac{V_p}{Z} = \dfrac{120}{10} = \mathbf{12\ A}$

(3) $I_l = \sqrt{3}I_p = 1.73 \times 12 = \mathbf{20.8\ A}$

(4) $P = 3V_pI_p\cos\theta = 3 \times 120 \times 12 \times 0.8$

$= \mathbf{3460\ W}$

以上より，解答欄は次のようになる。

(1)	シ
(2)	キ
(3)	ク
(4)	ソ

9 (1) $V_p = \dfrac{V_l}{\sqrt{3}} = \dfrac{173}{1.73} = 100\ \mathrm{V}$

$Z = \sqrt{R^2 + X_L{}^2} = \sqrt{20^2 + 20^2} = 28.3\,\Omega$

$I_p = \dfrac{V_p}{Z} = \dfrac{100}{28.3} = \mathbf{3.53\ A}$

(2) $\cos\theta = \dfrac{R}{Z} = \dfrac{20}{28.3} = \mathbf{0.707}$

(3) $P = 3V_pI_p\cos\theta = 3 \times 100 \times 3.53 \times 0.707$

$= \mathbf{749\ W}$

(4) $\sin\theta = \dfrac{X_L}{Z} = \dfrac{20}{28.3} = 0.707$

$Q = 3V_pI_p\sin\theta = 3 \times 100 \times 3.53 \times 0.707$

$= \mathbf{749\ var}$

(5) $\dot{Z}_\Delta = 3\dot{Z}_Y = 3 \times (20 + j20) = \mathbf{60 + \mathit{j}60\ \Omega}$

以上より，解答欄は次のようになる。

(1)	ア
(2)	キ
(3)	コ
(4)	コ
(5)	ソ

第6章　電気計測 (p.104)

1 測定量の取り扱い (p.104)

1 測定とは (p.104)

2 測定値の取り扱い (p.104)

1 1 標準器　2 国際　3 SI　4 基本単位　5 組立単位　6 $M - T$　7 $\dfrac{\varepsilon}{T}$　8 10.25　9 10.34　10 有効　11 0.5

2 $\varepsilon = M - T = 102 - 100 = \mathbf{2\ V}$

$\dfrac{\varepsilon}{T} = \dfrac{2}{100} = \mathbf{0.02}$

3 $100 \times 0.5 \times 0.01 = 0.5\ \mathrm{V}$

$50 - 0.5 = 49.5\ \mathrm{V}$　　$50 + 0.5 = 50.5\ \mathrm{V}$

よって，真の値の範囲は **49.5 V～50.5 V**

2 電気計器の原理と構造 (p.105)

1 指示計器の分類と接続方法 (p.105)

2 永久磁石可動コイル形計器と可動鉄片形計器 (p.105)

3 整流形計器と電子電圧計 (p.105)

4 ディジタル計器 (p.105)

1 1 指示(アナログ)　2 ディジタル　3 駆動トルク　4 制御トルク　5 磁気遮へい　6 実効値応答　7 平均値応答　8 実効値　9 精度　10 読取り　11 コンピュータ

2 (1) ㋐－ⓐ－③　(2) ㋑－ⓒ－①　(3) ㋒－ⓑ－②

3 基礎量の測定 (p.106)

1 抵抗の測定 (p.106)

2 インダクタンス・静電容量と周波数の測定 (p.106)

3 電力と電力量の測定 (p.106)

1 1 0Ω　2 M　3 絶縁抵抗計　4, 5 $\dot{Z}_1$, $\dot{Z}_2$ (順不同)　6 $\dot{Z}_3$　7 交流　8 *LCR* メータ　9 Hz　10 GHz

2 1 電流　2 電圧　3 積　4 電力　5 アルミニウム　6 過電流　7 電力　8 電力量　9 スマートメータ

4 **オシロスコープの種類と特徴** (p. 107)

5 **オシロスコープによる波形の観測** (p. 107)

1 1 電圧 2 波形 3, 4 アナログ, ディジタル（順不同） 5 蓄積 6 現象 7 波形解析 8 A−D変換器 9 ディジタル 10 記憶装置 11 データ処理 12 表示装置

2 (1) 1目盛当たり, 0.2 V, 5 ms という意味である。

(2) $V_m = 0.2 \times 3 = \mathbf{0.6\ V}$

(3) $V = \dfrac{V_m}{\sqrt{2}} = \dfrac{0.6}{1.41} = \mathbf{0.426\ V}$

(4) $T = 5 \times 8 = \mathbf{40\ ms}$

(5) $f = \dfrac{1}{T} = \dfrac{1}{40 \times 10^{-3}} = \mathbf{25\ Hz}$

第7章 非正弦波交流と過渡現象

(p. 108)

1 非正弦波交流 (p. 108)

1 非正弦波交流とは (p. 108)

1 1 非正弦波交流 2 方形波 3 のこぎり波 4 三角波

2 非正弦波交流の成分 (p. 108)

1 1 直流 2 基本 3 高調 4 第2 5 第3 6 奇数 7 偶数

2 直流分：I_0 基本波：$I_1 \sin 2\pi ft$
第3調波：$I_3 \sin 6\pi ft$

3 非正弦波交流の実効値とひずみ率 (p. 109)

1 1 ひずみ率 2 高調波 3 基本波 4 $\dfrac{V_h}{V_1}$

2 $V = \sqrt{V_1^2 + V_2^2 + V_3^2} = \sqrt{8^2 + 4^2 + 1^2}$
$= \sqrt{81} = \mathbf{9\ V}$

3 $k = \dfrac{\sqrt{V_2^2 + V_3^2 + V_4^2}}{V_1} \times 100\,[\%]$

4 $k = \dfrac{\sqrt{V_2^2 + V_3^2}}{V_1} \times 100 = \dfrac{\sqrt{3^2 + 2^2}}{8} \times 100$
$= \mathbf{45.1\ \%}$

2 過渡現象 (p. 110)

1 *RL* 回路の過渡現象 (p. 110)

2 *RC* 回路の過渡現象 (p. 110)

1 1 初期値 2 定常値 3 過渡状態 4 過渡期間

2 1 $E\varepsilon^{-\frac{1}{RC}t}$ 2 $E(1 - \varepsilon^{-\frac{1}{RC}t})$ 3 RC

3 微分回路と積分回路 (p. 111)

1 1 v_i 2 v_R 3 微分回路 4 v_C 5 パルス幅 6 周期 7 周波数 8 衝撃係数

2

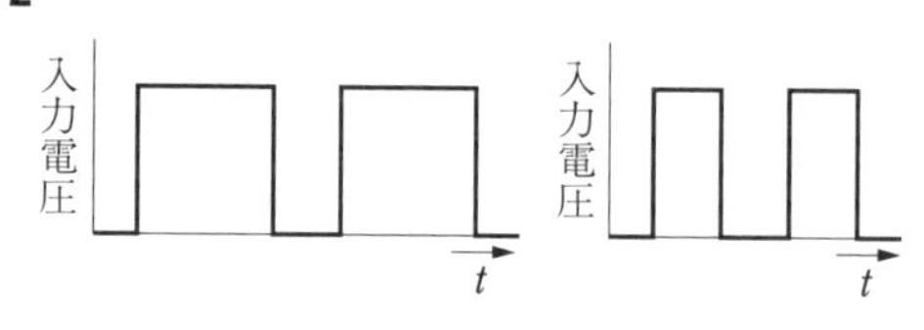